BLÄTTER
FÜR GESCHICHTE
DER TECHNIK

ÖSTERREICHISCHES FORSCHUNGSINSTITUT
FÜR GESCHICHTE DER TECHNIK IN WIEN

BLÄTTER FÜR GESCHICHTE DER TECHNIK

FÜNFTES HEFT

SCHRIFTLEITUNG: O. Ö. PROF. DR. K. HOLEY

MIT 92 ABBILDUNGEN

SPRINGER-VERLAG WIEN GMBH 1938

ISBN 978-3-7091-2348-5   ISBN 978-3-7091-2366-9 (eBook)
DOI 10.1007/978-3-7091-2366-9

Atelier Setzer, Wien

Dr. Ing. e. h. LUDWIG ERHARD

Seiner tiefen Einsicht in das Wesen der technischen Entwicklung verdanken wir die klare Anschaulichkeit der Sammlungen des Technischen Museums für Industrie und Gewerbe in Wien und sein forschender Geist schuf das Forschungsinstitut für Geschichte der Technik. Zu seinem 75. Geburtstag sind ihm die vorliegenden Beiträge zur Technikgeschichte in dankbarer Verehrung von seinen Freunden gewidmet.

Der Arbeitsausschuß

des Forschungsinstitutes für Geschichte der Technik

Hochverehrter Herr Hofrat!

Es ist mir sehr schmerzlich, daß mich eine Fülle drängender Verpflichtungen hindert, mich zur Feier der Vollendung Ihres fünfundsiebzigsten Lebensjahres mit einer wissenschaftlichen Gabe als Gratulant einzustellen. Wie ich Sie kenne, werden Sie auch ein bescheidenes Wort der Huldigung und Verehrung, die ich für Sie empfinde, mit Ihrer gewohnten Güte aufnehmen, um so mehr, da ich in Ihrem Fall im Namen der deutschen Geschichtswissenschaft Österreichs sprechen darf. Ich sehe in Ihrer Person die ideale Verkörperung jenes Zusammenklanges der technischen Wissenschaften und der Geschichtswissenschaft, der dem Techniker nicht minder wie dem Historiker am Herzen liegen sollte; ich sehe in Ihnen in hohem Maße jene große Einheit aller Wissenschaft verwirklicht, die dem Wesen unserer geistigen Kultur eigen ist und die zum Nachteil der Einzelwissenschaften allzulange außer acht gelassen wurde und auch heute noch oft außer acht gelassen wird. Sie selbst, der Schöpfer des Österreichischen Forschungsinstituts für Geschichte der Technik, haben in Ihrem gedankenreichen Aufsatz im ersten Heft der Blätter für Geschichte der Technik über die Entwicklung der Technik und die technische und historische Denkweise geistvolle Ausführungen niedergelegt. Auch die Geschichtswissenschaft, die sich anderen Zweigen menschlicher und nationaler Entwicklung zuwendet, begrüßt dankbar die innige Verbundenheit, in der sie mit Ihrem Lebenswerk, mit Ihrer Schöpferkraft steht. Mögen dem vornehmen Menschen und bedeutenden Kulturhistoriker LUDWIG ERHARD viele Jahre ungetrübten Glücks und wertvollster Arbeit beschieden sein! Das ist der von Herzen kommende Wunsch der deutschen Geschichtsschreiber im Lande Österreich, wie es gewiß auch der Wunsch der Historiker im ganzen großdeutschen Reich und darüber hinaus ist. In unverbrüchlicher Verehrung Ihr

Heinrich Ritter von Srbik.

Technische Kulturdenkmale
als Quellen zur Geschichte der Technik.

Von

Prof. Dr. phil. h. c. Dr.-Ing. E. h. **Conrad Matschoß** VDI, Berlin.

Die Geschichte als Wissenschaft, die uns Kunde von dem Geschehen gibt, gehört zu den ältesten Wissenschaften, denn immer haben sich die Kulturvölker für ihre Vergangenheit interessiert und immer fanden sich Männer, die die Geschichte ihres Volkes oder bestimmte Abschnitte daraus, so gut sie es vermochten, darzustellen versuchten. Nur primitive Völker haben keinen ausgeprägten Sinn für den Ablauf ihres Geschehens, für ihre Geschichte.

Wilhelm von Humboldt hat sich einmal über die Aufgabe des Geschichtsschreibers geäußert; darnach ist seine „Aufgabe die Darstellung des Geschehenen. Je reiner und vollständiger ihm diese gelingt, desto vollkommener hat er jene gelöst. Die einfache Darstellung ist zugleich die erste, unerläßliche Forderung seines Geschäfts und das Höchste, was er zu leisten vermag. Von dieser Seite betrachtet, scheint er nur auffassend und wiedergebend, nicht selbsttätig und schöpferisch. Das Geschehene aber ist nur zum Teil in der Sinnenwelt sichtbar, das übrige muß hinzuempfunden, geschlossen, erraten werden.‟

Die Bausteine des Geschichtsschreibers, die Quellen, aus denen er seine Darstellung vom Geschehenen „rein und vollständig‟ formen soll, können mannigfacher Art sein; sie reichen von der mündlichen Überlieferung über die schriftlichen Quellen aus Papier, Pergament, Papyrus, Stein oder Bronze bis zu den zwar stummen, aber doch oft so deutlich sprechenden Quellen, den aus einer vergangenen Zeit zu uns überkommenen Zeugen früherer Menschengeschlechter und ihres Schaffens, seien es nun Tonscherben, die aus dem Boden gegraben wurden, oder Pyramiden, oder alte Brücken und Straßen, Waffen oder Schmuck oder ein verfallener Bergwerkstollen.

Auch der Geschichtschreiber der Technik hat es mit allen diesen Arten von Quellen zu tun; auch für ihn gilt das Wort Humboldts, daß er in den Quellen nicht alles findet, was er sucht, sondern daß das übrige hinzuempfunden, geschlossen, erraten werden muß. Viele Zeugen alter Zeiten, die früher als Quellen der allgemeinen Kulturgeschichte, der Kunstgeschichte, der Kriegsgeschichte oder der Vorgeschichte betrachtet wurden, sind uns heute gleichzeitig wichtige Quellen der Technikgeschichte. Wenn diese Quellen heute noch erhalten sind, so dankt das die Technikgeschichte den Nachbarwissenschaften, der Kunstgeschichte, Kriegsgeschichte, Vorgeschichte, die diese Gegenstände mit viel Fleiß sammelten und vor der Vernichtung schützten, lange bevor die Techniker daran dachten, die noch bestehenden Früchte des Schaffens ihrer Berufsvorfahren richtig zu würdigen und vor dem endgültigenVerfall zu retten. So hat auch die Technik in den Museen Eingang gefunden, schon lange ehe der Begriff Technik in das Bewußtsein der Museumsleiter und der Besucher trat, so die Waffen in den Zeughäusern und zahllose andere Gegenstände, die schon in den Raritätenkabinetten der Fürsten gesammelt wurden.

Technische Museen, die bewußt die Zeugnisse früherer technischer Arbeit sammeln, gibt es erst seit dem 19. Jahrhundert, im deutschen Kulturgebiet sogar erst seit Beginn unseres Jahrhunderts. OSKAR VON MILLER schuf nach den Vorbildern des Science Museum in South Kensington bei London und des Conservatoire National des Arts et Métiers in Paris das Deutsche Museum von Meisterwerken der Naturwissenschaft und Technik in München, das größte Museum seiner Art. Unabhängig davon, aber in engster Zusammenarbeit mit ihm, wurde in Wien das Technische Museum für Industrie und Gewerbe ins Leben gerufen, das heute von jedem Kenner hoch geschätzt wird und einen kulturell wertvollen Stein in der großen Krone der ausgezeichneten Museen Wiens bildet.

Es liegt im Wesen der Technik, daß ihr immer nur das Neueste als wertvoll erscheint, daß das Ältere, das seinem Zweck nicht mehr voll entspricht, an Wert stark verliert. Es ist hier nicht so, wie beim reinen Kunstwerk, das mit dem Alter nicht nur nichts von seinem Wert verliert, sondern sogar noch gewinnt. Die Gefahr, daß das technische Erzeugnis von seinem Schöpfer, dem Techniker selbst, wieder vernichtet wird, wenn es seine Aufgabe erfüllt hat, um durch etwas Neues ersetzt zu werden, ist daher sehr groß. Um so mehr ist es notwendig, wenigstens einiges als technische Kulturdenkmale vor dem drohenden Untergang zu retten und der Nachwelt zu erhalten. Die Museen, vor allem die technischen Museen, sind berufen, diese Quellen für die Technikgeschichte zu sammeln und vor dem Verfall zu schützen. Es kann natürlich nicht der Zweck eines technischen Museums sein, jedes Erzeugnis früheren technischen Schaffens wahl- und kritiklos zu erfassen und für alle Zeiten aufzustapeln. Es kann sich vielmehr nur darum handeln, einmal das für eine bestimmte Zeit oder Landschaft oder für ein Volk Kennzeichnende aufzubewahren, zum andern aber aus der Aufeinanderfolge der Erzeugnisse einer bestimmten Art die Entwicklungslinien aufzuzeigen.

In dem nun glücklich wieder mit dem Reich verbundenen Deutschösterreich, der alten Ostmark, mit ihrer alten, hochentwickelten Kultur, bestehen neben dem Technischen Museum in Wien eine bedeutende Zahl größerer und kleinerer Museen, Heimatmuseen, die, meist landschaftlich gebunden, mehr und mehr dazu übergehen, nicht nur Gegenstände der Kunst und des Kunsthandwerks zu sammeln und zu betreuen, sondern auch den Wahrzeichen technischen Schaffens den gebührenden Platz zu geben. Erfreulich ist es, daß manche dieser Museen, so das Heimatmuseum in Graz, den Begriff Museum, der so leicht etwas Kirchhofartiges annimmt, zu einem Heimathaus mit sehr aktiver Betätigung umgewandelt haben, wo man die schönen Erzeugnisse der Heimatkunst, die an Hand alter Originale unter der Leitung des Museums von begabten Handwerkern nachgebildet werden, käuflich erwerben kann.

Nicht nur die Museen sind berufen, technische Kulturdenkmale der Nachwelt zu bewahren, oft ist es gar nicht möglich oder auch nicht erwünscht, einen an einem bestimmten Ort befindlichen Gegenstand in ein Museum zu bringen, sondern es liegt im Interesse der Sache, daß er an dem Ort, wo er entstand oder wo er in Tätigkeit war, auch dann noch verbleibt, wenn er nicht mehr in Betrieb steht. Ein alter Bergbau, hoch oben im Gebirge, kann nicht in ein Museum verpflanzt werden und auch eine Windmühle oder ein Wasserrad verlieren an wahrem Wert, wenn sie in einem Museumssaal, wenn auch noch so naturgetreu aufgestellt werden. OSKAR VON MILLER hat im Jahre 1914 im Anschluß an seine Reisen nach Skandinavien, wo er die großen Freilichtmuseen kennen lernte, die Anregung gegeben, in Deutschland in den Ländern und Städten technische Kulturdenkmale an Ort und Stelle zu erhalten, an dem Platz, wo sie immer standen, oder an einem anderen hierzu geeigneten Ort oder sie in Freilichtmuseen zu vereinen. Sein großer Plan ist leider durch den Ausbruch des Krieges damals nicht zur Ausführung gelangt und er ist auch heute noch nicht durchgeführt. Es wäre eine wundervolle Aufgabe, alle wirklichen Kulturdenkmale, also auch die technischen, bodenständig zu erhalten. In Deutschösterreich bestehen dafür die gesetzlichen Grundlagen, da hier seit dem Jahre 1923 ein Denkmalschutzgesetz besteht, um das die Männer des Heimatschutzes im Altreich den kleineren Bruderstaat immer beneidet haben. Nach diesem Gesetz ist es möglich, alle Gegenstände, die von geschichtlicher, künstlerischer oder kultureller Bedeutung sind, unter gesetzlichen Schutz zu stellen, so daß sie ohne Bewilligung des staatlichen Denkmalamtes nicht vernichtet oder auch nur verändert oder von ihrem Standort entfernt werden können. Unter diesen Schutz fallen auch alle technischen Gegenstände von Bedeutung, und manche Windmühle oder Holzbrücke, manche Maschine, manches Wasserrad oder mancher Holzkohlenmeiler konnten mit Hilfe dieses Gesetzes schon gerettet werden. Leider fehlt es oft an den Mitteln, um diese Denkmale in Betrieb zu erhalten oder wieder in Betrieb zu nehmen, aber an manchen Orten gelang es auch, über diese Schwierigkeiten hinwegzukommen.

Das· Wesen der technischen Kulturdenkmale ist es, nicht einzelne Teile zu erhalten, nicht ein Modell nachzubauen, sondern den ganzen Gegenstand, wenn möglich betriebsfähig, zu bewahren. Nicht nur die konstruktive Anordnung, sondern auch das organische Entstehen einer solchen technischen Schöpfung wird auf diese Weise dem späteren Beschauer und Forscher klar und deutlich, worüber ihm sonst meistens keine anderen Quellen Auskunft geben könnten.

In allen Kulturstaaten ist es heute selbstverständlich, Urkunden und andere Schriftstücke über staatliche und wirtschaftliche Ereignisse, Handschriften großer Männer aller Berufe, Bilder großer Meister in Archiven und Sammlungen und Büchereien zu sammeln und so lange als möglich vor der Vernichtung zu schützen. Für die Technikgeschichte ist es dringend notwendig, auch die technischen Kulturdenkmale, die Schöpfungen bekannter oder unbekannter Ingenieure oder Handwerker zu erhalten. Immer ist aber dabei zu bedenken, daß es nicht darauf ankommt, möglichst alles zu erhalten, sondern das Wesentliche und Kennzeichnende der Nachwelt zu bewahren, getreu dem Spruch, der im Heimatmuseum in Hamburg-Altona angebracht ist:

> ’S ist gut, das Alte treu zu ehren,
> Aber will es das Heute beschweren,
> Verdirb ihm die Lust, nimm ihm das Licht,
> Zerschlag es frisch und fürcht dich nicht.

Die technischen Denkmäler in Österreich und ihre Verbundenheit mit Volk und Boden.

Von

Ing. Dr. **Karl Holey**, Wien.

Mit 16 Abbildungen.

Nicht viel länger als ein Jahrzehnt ist es her, seit der Begriff der technischen Kulturdenkmale lebendiger geworden ist und die öffentliche Anteilnahme sich in

Abb. 1. Die Prolling bei Ybbsitz, Niederösterreich. Mühlen und Werkkanäle.
Zeichnung und Stich von A. Köpp von Felsental.

Bestrebungen zur Kenntnisnahme und zur Erhaltung dieser wichtigen Zeugen unserer Kultur äußerte. Zuerst hat C. MATSCHOSS sich für den Gedanken eingesetzt, die Denkmäler der Technik ebenso zu schützen wie die Werke alter Kunst und der

Abb. 2. Schiffsmühlen bei Korneuburg, Niederösterreich.

Verein Deutscher Ingenieure, das deutsche Museum in München und der deutsche Bund für Heimatschutz haben die Arbeit zur Sammlung der Zeugen alter Technik eifrig gefördert. Im Jahre 1927 konnte das Jahrbuch des V. D. I. eine beträchtliche Zahl erhaltenswerter technischer Werke im Bilde veröffentlichen und im Jahre 1932 folgte als weitere Frucht einer eifrigen Werbetätigkeit die von MATSCHOSS und LINDNER herausgegebene Veröffentlichung „Technische Kulturdenkmäler".[1] In Österreich habe ich als damaliger Präsident des Österr. Ingenieur- und Architekten-Vereines im Jahre 1928 einen Aufruf zur Verzeichnung und Sammlung technischer Denkmäler ergehen lassen[2] und in den Blättern für Geschichte der Technik erschien im Jahre 1932 eine Arbeit von mir über den Schutz der technischen Denkmale in Österreich,[3] die auch einige Abbildungen

Abb. 3. Windmühle in Podersdorf, Burgenland.

[1] Technische Kulturdenkmäler, im Auftrage der Agricola-Gesellschaft beim Deutschen Museum herausgegeben von CONRAD MATSCHOSS und WERNER LINDNER unter Mitarbeit von A. HERTWIG, H. v. u. zu LOEWENSTEIN, PETERSEN und O. SCHIFFNER. 1932. Bruckmann A. G. München.

[2] Zeitschrift des Ö. I. A. V. 1928, Heft 31/32.

[3] Blätter für Geschichte der Technik, herausgegeben vom Österreichischen Forschungsinstitut für Geschichte der Technik, 1. Heft, S. 25. 1932, Springer, Wien.

Abb. 5. Chorinsky-Klause bei Goisern, Oberösterreich.
Zeichnung von J. E. Schindler.

Abb 4. Eng bei Payerbach, Niederösterreich. Holzriese.
Zeichnung von Jul. Marak.

technischer Denkmale aus Österreich enthielt. Trotzdem sich der Verband der Österr. Ing.- u. Arch.-Vereine, der Österr. Verband für Heimatpflege und das Forschungsinstitut für Geschichte der Technik mit dem Gegenstand beschäftigten und auch die amtliche Stelle, die Zentralstelle für Denkmalschutz im Österr. Unterrichtsministerium, ihre Anteilnahme den technischen Denkmälern zuwendete, war es bisher wegen der Kargheit der Mittel nicht möglich, eine größere

Abb. 6. Erzherzog Johann-Klause, Brandenberg, Tirol.

zusammenfassende Darstellung zu veröffentlichen. Das Österr. Forschungsinstitut für Geschichte der Technik hat die Absicht, in einer seiner nächsten Veröffentlichungen eine Überschau über den reichen Bestand von technischen Kulturzeugen in Österreich zu geben und wir freuen uns, daß es nunmehr möglich sein wird, getragen von dem machtvollen Gefühl der neuen Volksgemeinschaft, unserem guten Willen auch die Tat folgen zu lassen. Wir hoffen, eines der nächsten Hefte der Blätter für Technikgeschichte diesem Gegenstand widmen zu können.

In dem erwähnten Aufsatz habe ich darauf hingewiesen, daß in Österreich alle Bedingungen in gesetzlicher und verwaltungstechnischer Hinsicht gegeben sind, um den Schutz der technischen Denkmale durchzuführen. Das Österr. Denkmalschutz-

gesetz vom Jahre 1923[1] bezieht auch die Werke der Technik in seinen Schutzbereich,
und zwar nicht nur einzelne Denkmäler, sondern auch Gruppen von Gegenständen,
die ein einheitliches Ganzes bilden, ein Gesichtspunkt, der für die Entwicklung der
Technik von Wichtigkeit ist.

Wenn wir bei der Abschätzung der schützenswerten Werte der technischen
Denkmäler den Gebrauchswert und den Alterswert ausschalten können, den künst-

Abb. 7. Förderanlage am Goldberg in Rauris, Salzburg.
Zeichnung von H. Charlemont.

lerischen Wert nur in vereinzelten Fällen zubilligen dürfen und als wesentlich den
Geschichtswert und den kulturellen Wert erkennen müssen, so soll in Ergänzung
zu den erwähnten Ausführungen der Versuch gemacht werden, die Verbundenheit
der Werke der Technik mit Volk und Boden aufzuzeigen.

---

[1] Gesetz, betreffend Beschränkungen in der Verfügung über Gegenstände von
geschichtlicher, künstlerischer oder kultureller Bedeutung (Denkmalschutzgesetz) vom
25. September 1923, B. G. Bl. 533.

Abb. 8. Der Gosauzwang bei Hallstatt.

Abb. 9. Eisenhammer am Fuße des Schneeberges, Niederösterreich.

Die Kultur jedes Volkes und jeder Zeit ruht auf den Grundpfeilern der Technik, die nicht nur den äußeren Lebensraum bestimmt, sondern auch den Lebensinhalt beeinflußt.[1] Die ältesten Zeugen der Menschheitsgeschichte sind vorwiegend technische Denkmäler. Aus der urgeschichtlichen Zeit überwiegen die Funde technischer Bestimmung, Werkzeuge und Geräte, wie die verschiedensten Arten von Äxten und Beilen, Schlägel, Pickel, Schaufeln, Sicheln, Nadeln u. dgl. so stark, daß von den Kleinfunden im Salzburger Museum vom Neolithikum bis zur Eisenzeit bei einer Gesamtzahl von 980 Gegenständen 723 Werkzeuge und Geräte technischer Art vertreten sind, also rund 74%.[2] Es ist daher auch aus diesem Grunde einzusehen, wenn man den vor- und frühgeschichtlichen Zeitaltern Namen gegeben hat, die

Abb. 10. Hochofen IV in Vordernberg, Steiermark.

Abb. 11. Hochofen Hirt, Kärnten. Ansicht von Norden.

den technischen Charakter nach dem Werkstoff hervorheben. Auch aus der Zeit der Antike sind vielfach technische Leistungen besonders eindringliche Zeugen der Kultur, wie die großen Wasserbauten im antiken Orient und im fernen Osten, Straßen- und Wasserbauten bei den Römern und kühne konstruktive Lösungen im Mittelalter und in allen späteren Zeiten. Immer wieder ist es die Größe der technischen Leistung, die das Staunen der Zeitgenossen und der späteren Epochen erregt, von den sieben Weltwundern der Antike angefangen bis zum Eiffelturm. Der

---

[1] HOLEY, Das Ethos der Technik, Österr. Rundschau, 1938, 1. Heft. Österr. Bundesverlag, Wien.

[2] KYRLE, Die Urgeschichte des Kronlandes Salzburg. Österr. Kunsttopographie Bd. XVII, Wien 1918.

naiv empfindende Mensch schätzt auch am Kunstwerk zuerst das Technische, die Überwindung der technischen Schwierigkeiten.

Die Verbundenheit des Menschen mit der Technik ist allen Völkern auf allen Stufen der Kultur eigen. Der Schaffenstrieb auf technischem Gebiete scheint eine ganz ursprüngliche Äußerung des Schaffenswillens zu sein und diese Äußerung hat daher auch etwas stark Naturhaftes und Naturgebundenes an sich. Technik ist die Bändigung und Überwindung der Naturgewalten im schöpferischen Willensakt. Alle technischen Werke sind aus dem Ringen mit der Natur entstanden und gewissermaßen zu einer zweiten Natur geworden, die der Mensch als Werkzeug des Schöpfer-

Abb. 12. Sensenhammer in Molln bei Steyr, Oberösterreich.
Zeichnung von V. Sieger.

willens geschaffen hat. Wie stark die Werke der Technik mit der Natur eins sind, das sehen wir immer wieder dort, wo der elementare Zusammenhang besonders ursprünglich ist und gerade in Österreich gibt es davon viele Beispiele.

Die Nutzbarmachung der Kräfte des Wassers, die in unseren Gebirgsländern ihre Urkraft zeigen, führt schon in der frühesten Zeit zu Lösungen, die trotz der Bändigung der Kraft keine Vergewaltigung bedeuten. Die Wassermühle, eine der frühesten Erfindungen der Technik, die von den Dichtern der Antike als Befreierin der Menschheit gepriesen wurde, ist so tief mit dem Gefühlsleben des Menschen verbunden, daß die Dichtkunst, die Musik und die Malerei mit großer Innigkeit und echter Volkstümlichkeit sie immer wieder als Vorwurf nehmen. Die Beschaulichkeit des Idylls der Mühle im kühlen Grunde des Hügellandes verändert sich in unseren Gebirgswässern zur wild bewegten Romantik. Kennzeichnend für unsere Hochgebirgstäler sind die vielen Klausen, Talsperren, die meist mit der Triftung des

Holzes zusammenhängen. Schon im Wiener Wald gibt es viele derartiger Bauwerke,
deren Wirkung sich in den Schluchten und Tälern der Wildwässer zu großer Schönheit steigert, wie etwa bei der CHORINSKY-Klause bei Goisern. Das trotzige Mauer-
werk der Sperrmauern, die hölzernen Aufbauten und die stürzenden Überfallwässer
geben ein Bild, das die natürliche Harmonie der Landschaft noch erhöht.

Mit der Bringung des Holzes im Alpenland, wo der Hochwald bis nahezu 60%
der Bodenfläche bedeckt, stehen kühne technische Werke in Verbindung, die auf

Abb. 13. Papiermühle, Papierpresse, Groß-Pertholz, Waldviertel, Niederösterreich.

ein hohes Alter zurückweisen, neben den vorerwähnten Triftbauten mit ihren
Klausen, Rechen und Aufzügen, die „Riesen" genannten Holzbahnen, die im Salzkammergut und besonders im Schneeberg- und Raxgebiet in Niederösterreich keck
und schneidig über felsige Hänge und durch enge Klüfte führen und die dem Wesen
des Gebirglers und der Wildheit der Hochgebirgslandschaft so innig verwandt sind.
Ein Meister in der Überwindung großer Schwierigkeiten war der im Jahre 1609 im
Alter von 110 Jahren verstorbene Waldmeister THOMAS SEEAUER, der unter anderem
die Hallstätter Seeklause und den kühnen Traunkanal erbaute. Den alten Wasserbauten stellen sich viele der neueren Wasserwerke in den Alpenländern ebenbürtig
an die Seite.

Uralt sind im Alpenland die Zeugen des Bergbaues, die in den noch aus vorgeschichtlicher Zeit stammenden Pingen, Scheidplätzen, Schmelzplätzen, Verhauen und Stollen wieder zur Natur zurückgekehrt sind. Im Bereich der Mitterbergalpe und der Wirtsalpe im Salzburgischen geben die Bodenwellen der alten Pingenzüge der Landschaft ein eigenes Gepräge.[1] In der unberührten Majestät und Wildheit des Goldberggebietes erinnern uns die Reste des Rauriser Bergwerkbetriebes, daß hier im wilden Gestein das köstlichste Metall, die Sehnsucht der Menschheit, das Gold, verborgen liegt. Das Salz, dem Menschen gleicherweise un-

Abb. 14. Alte Holzbrücke bei St. Georgenberg bei Schwaz in Tirol.

entbehrlich, hat einem ganzen Landesteil dreier österreichischer Länder Namen und Gepräge verliehen. Die ganze Natur steht im Salzkammergut im Dienste der Gewinnung des Salzes, der Berg, der Forst und die Wässer. Ein Bild wie der Gosauzwang, wo die Soleleitung auf schlanken Pfeilern über ein tiefes Tal zieht, ist ein unvergeßlicher Eindruck, ein Wahrzeichen der ganzen Gegend und eine Zierde der Landschaft.

Die Eisenhämmer, Sensenwerke, Gußhütten und Hochöfen des östlichen Alpengebietes, deren Bedeutung sich ähnlich wie beim Salz im Namen eines ganzen Gebietes, der „Eisenwurzen", ausprägt, sind ungemein stimmungsvolle Steigerungen der Landschaft und werden nirgends störend empfunden.

---

[1] Österr. Kunsttopographie XVII, S. 6, 17, 24, 28, 35, 36.

Zahlreich sind die Zeugen alten Gewerbefleißes in maschinellen Einrichtungen, in den Glashütten und Papiermühlen des Waldlandes, des Waldviertels, und in den Spinnereien und Webereien in Vorarlberg und in Niederösterreich, deren einzelne Einrichtungsstücke oft ein ehrwürdiges Alter aufweisen.

Abb. 15. Alte und neue Semmeringstraße, Niederösterreich.

Groß ist die Kunst des Technikers in der Anlage der Verkehrswege durch die tiefen Täler, über die hohen Pässe des Hochgebirges, von denen sich eindrucksvolle Spuren noch aus der Zeit der größten Meister auf diesem Gebiet, von den Römern, erhalten haben und die immer wieder zu Lösungen führten, sei es bei den Straßen oder bei den Bahnen, die eine glückliche Verschmelzung kühnen technischen Wollens mit tiefem Naturempfinden zeigen. Die Schönheit der Semmeringbahn, der ersten Hochgebirgsbahn, die dem romantischen Charakter der felsig zerklüfteten Kalkberge mit dichterischem Feingefühl angepaßt ist, kann geradezu klassisch genannt werden.

Wenn wir all die Zeugen technischen Schaffens vieler Jahrhunderte, die technischen Denkmäler, betrachten, dann muß jeder Mensch mit aufnahmsfähigen Sinnen einsehen, daß die Werke der Technik nicht Ergebnisse eines rein rationalen Denkprozesses, keine trockenen Rechenexempel sind, sondern Äußerungen einer naturverbundenen Schöpferfreude. Dieses tiefe, innere Aufgehen des Menschen in der Natur und das Einssein mit den Naturkräften, das ist zugleich der Wesenszug des deutschen Menschen und aus allen diesen Zeugen technischer Schaffenskraft unserer Heimat spricht deutscher Geist, deutsche Kraft und deutsche Seele.

Abb. 16. Semmeringbahn, Gamperlgraben und Wagnergraben.

Die Reste der Schwarzenberg-Schwemmanlagen an der Großen Mühl.

Von

Oberinspektor Ing. **Josef Sames**, Linz.

Mit 3 Abbildungen.

Es gibt noch so manche technische Denkmale landauf und landab, die, obwohl sie geschichtlichen und kulturellen Wert besitzen, noch nicht zur Genüge bekannt und demnach auch nicht genügend geschützt sind.

Ein Beispiel: Als das große Kraftwerk Partenstein in Oberösterreich nahe der Mündung der Großen Mühl in die Donau erbaut wurde, da gab es wohl zahlreiche Neugierige, die diese großen technischen Arbeiten bewunderten, die aber gleichgültig an den in der Nähe befindlichen Resten früherer technischer Arbeiten vorübergingen, weil ihnen deren Geschichte und Bedeutung fremd war.

Von diesen Resten sind wohl im Zuge der Fertigstellung des Werks wieder eine Anzahl verschwunden, darum soll den wenigen noch vorhandenen an dieser Stelle einige Aufmerksamkeit geschenkt werden. In der Geschichte des oberösterreichischen Verkehrswesens, das ja auch durch die Geschichte der ersten Eisenbahn auf europäischem Festland bemerkenswert ist, kommt dem einstigen Holztransportweg vom Böhmerwald bis an die Donau, dem Schwarzenbergkanal und dem anschließenden Mühlfluß große Bedeutung bei.

Der Anreger und Schöpfer dieser Anlagen ist der einstige fürstlich Schwarzenbergsche Ingenieur JOSEF ROSENAUER,[1] der an der Wiener Ingenieurakademie auf der Laimgrube Mathematik und Physik studiert hatte und zur Zeit, als der große Holzbedarf Wiens und die hohen Brennholzpreise nach Abhilfe drängten, seinem

---

[1] Ing. JOSEF ROSENAUER ist geboren 1739 zu Kalsching in Südböhmen. Er war erst Forstadjunkt beim Fürsten JOHANN SCHWARZENBERG in Krumau, der ihn dann zur weiteren Ausbildung an die Ingenieur-Akademie nach Wien sendete. Nach Absolvierung derselben legte ROSENAUER auch noch beim Landtafelamt in Prag die Prüfung als Landmesser ab. Dann arbeitete er an der Vermessung der Herrschaften, an Entwässerung von Morästen und Anlage von Straßen, 1774 legte er dann dem Fürsten den Plan für einen Schwemmkanal aus dem Böhmerwalde bis zur Donau vor. Mit 1200 Personen wurden die Arbeiten im Jahre 1789 auf österreichischer Seite begonnen, 1791 war der erste Teil fertig, so daß am 23. April dieses Jahres das erste geschwemmte Holz in Wien einlangte. ROSENAUER leitete die weiteren Arbeiten als fürstlicher Schwemmdirektor. Er starb am 15. März 1805 zu Krumau. An sein Wirken erinnern, außer den baulichen Resten des Kanales, eine Gedenktafel am Geburtshause in Kalsching, die ROSENAUER-Kapelle bei Hirschbergen und ein Denkstein beim Kanalursprung am Lichtwasser.

Fürsten den Vorschlag machte, das Holz der südlichen Abdachung des Böhmerwalds auf dem Wasserweg an die Donau und auf dieser nach Wien zu bringen.

Der Vorschlag fand die Genehmigung und so entstand in den Jahren 1789 bis 1822 der Schwarzenbergsche Schwemmkanal, der mit Hinweis auf seine Bestimmung auch die Bezeichnung „Wiener Schwemmkanal" führte. In einer Länge von 52 km, davon 15 km auf oberösterreichischem Boden, führte er aus der nördlichen Abdachung des Plöckensteingebiets an der Dreiländermark über die Wasserscheide zwischen Moldau und Großer Mühl beim Rosenhügel, um dort in einen Seitenbach der Großen Mühl und dann oberhalb Haslach in diese selbst zu münden.

Abb. 1 Rechenbrücke in Partenstein zur Zeit der Holzschwemme. 1882.

Während der Kanal selbst bedeutende technische Arbeiten erforderte — er mußte vielfach aus Granit gesprengt oder gepflastert werden, ein bedeutender Stollen und eine anschließende Wasserriese mußten geschaffen werden — erforderte das als Fortsetzung dienende Bett der Großen Mühl keine besonderen Vorkehrungen. Wohl aber wurden solche notwendig an der Mündung der Mühl in die Donau, in dem am Fuße des Schlosses Neuhaus gelegenen Weiler Untermühl.

Hier gab es wohl schon Anlagen aus früherer Zeit, weil sowohl das Hochstift Passau, das hierfür ein Privilegium besaß, als auch das Stift Schlägl die Holzschwemme auf der Mühl betrieben. Diese Anlagen in Untermühl waren jedoch unzureichend, es konnten nur geringe Holzmengen auf einmal zur Abschwemmung kommen. Daher bewarb sich Fürst Schwarzenberg um ein ausschließliches Privilegium, das Passauer Privilegium, das dem im Wege stand, wurde von der Regierung als erloschen erklärt und Schwarzenberg konnte, da er das gewünschte Privilegium erhielt, nunmehr auch an die Ausgestaltung der Schwemmanlagen in Neuhaus-Untermühl schreiten.

In dem an die oberösterreichische Landesregierung gerichteten kaiserlichen Hofkanzleidekret vom 27. August 1789 heißt es bezüglich dieser Anlagen:

„§ 3 solle ihm Fürsten am Ende des Mühelfluß, wo derselbe sich in die Donau ergießet, einen förmlichen Rechen nach der Stärke und Größe, wie solcher zu dieser Schwemme nötig ist, anzulegen, den Mühelfluß nach Erfordernis herzuhalten, Stein und Klippen zu sprengen, auch dabei weiters erlaubt seyn, das bei dem Rechen ausgezohene Holz nach Notdurft aufzustellen."

Ingenieur ROSENAUER ging nunmehr daran, die vorhandenen unzureichenden Anlagen aus früherer Zeit auszugestalten und die laut Privilegium genehmigten

Abb. 2. Kaimauer an der Mündung mit Öffnungen zur Anbringung eines schwimmenden
Rechens.

Abb. 3. Küchengebäude und Scheune über
dem ehemaligen Seitenkanal.

neuen herzustellen. Der einzige unmittelbar an der Mündung in die Donau bestehende alte Rechen wurde verbessert und ein neuer Rechen, ungefähr 1,5 km flußaufwärts an einer günstigen Flußenge in Partenstein im Jahre 1790 erbaut. Dieser hatte die Bestimmung, die ganze anrinnende Holzmasse aufzuhalten und Holz dann nur partienweise an die untere Schwemmanlage abzugeben. Diese malerische, gedeckte Rechenbrücke, wie solche früher vielfach in den Alpengebieten bestanden haben, wurde, nachdem sie durch ein Hochwasser weggerissen worden war, erneut auf drei Steinpfeilern aufgebaut. Von der Rechenbrücke reichten in enger Reihung bewegliche Holzsparren, „Spindel" genannt, auf das Flußbett hinab, wo sie durch Balken festgehalten wurden. Diese Spindeln wurden am Ende der Schwemmzeit „ausgespindelt" und aufbewahrt und im Frühjahr wieder „eingespindelt".

Die weiteren Vorkehrungen bestanden in der Beschaffung eines genügend großen Holzplatzes, auf dem das aus der Mühl ausgeländete Holz aufgestapelt werden konnte, von wo es dann nach Bedarf auf die Donauschiffe verladen und abbefördert wurde. Die Ausländung des Holzes wurde erleichtert durch einen den Holzplatz durchschneidenden Kanal, bei dessen Abzweigestelle vom Fluß ein schwimmender Rechen zur Abweisung des Holzes in diesen Kanal errichtet wurde. Der Holzplatz hatte, nachdem er gegen den Widerstand der Anrainer endlich vergrößert werden konnte, einen Fassungsraum von 56.000 Raummeter.

Um das Anlegen der Donauschiffe an der versandeten Donaulände zu erleichtern, wurden noch geeignete Kaimauern errichtet. Für die Unterbringung der großen Zahl von Menschen, die zur Zeit des Schwemmbetriebs in Neuhaus in Arbeit standen, wurden auch zweckentsprechende Baulichkeiten aufgeführt. Eines dieser Gebäude, das heute noch steht, wurde unmittelbar über dem großen Ausländekanal erbaut, ein Beweis, wie sehr man dort mit dem Platz sparen mußte. Daneben wurde ein Küchengebäude errichtet, heute noch erkennbar an den drei großen Rauchfängen, die auf dem im Verhältnis dazu kleinen Dach sitzen, das Gebäude führt heute noch im Volksmund die Bezeichnung „Behmkuchl", weil dort für die aus Böhmen stammenden Triftarbeiter gekocht wurde. Es waren mehrere Hundert Arbeiter, die zur Schwemmzeit hier beschäftigt waren, ein Bericht der Linzer Handelskammer vom Jahre 1880 zählt 260 Wächter und Treiber, 650 Holzeinwerfer und 320 Vorarbeiter, Ausstecher, Leger und Trifter auf. Die Aufsicht führten die Schwarzenbergschen „Grenadiere", die in Uniform Dienst versahen und der in einem besonderen Gebäude in Neuhaus untergebrachten Schwemmverwaltung unterstanden.

Die wirtschaftliche Bedeutung dieser Anlage war eine sehr große, vor allem hat sie auf die Holzpreise in Wien günstig eingewirkt. Trotzdem kam es dahin, daß das Schwemmprivilegium, das im Jahre 1821 nochmals erneuert worden war, seine Bedeutung verlor, so daß die Schwemmtätigkeit im Jahre 1891 gänzlich eingestellt wurde. Schuld daran trug das Entstehen einer anderen technischen Einrichtung, der im Jahre 1888 eröffneten Mühlkreisbahn, sowie auch andere Veränderungen in der Wirtschaftsgestaltung. Im Jahre 1901 wurde auf das Privilegium endgültig Verzicht geleistet.

Die Anlagen in Neuhaus waren nunmehr zwecklos, die Gebäude kamen in anderen Besitz, die Kanäle wurden zum Teil verschüttet, auf dem einstigen Holzplatz wuchs Gras und wurde Getreide gebaut. Die Rechen an der Mühlmündung verschwanden, nur die stimmungsvoll in die Landschaft gestellte hölzerne Rechenbrücke in Partenstein blieb einstweilen noch erhalten.

In die nunmehr eingetretene jahrelange Stille und Einsamkeit dieser Gegend kam neues frisches Leben, als die Wasser der Mühl einem anderen Zweck dienstbar gemacht werden sollten, in Partenstein wurde ein großes Elektrizitätswerk errichtet. Bei diesem Anlaß gingen alle ehemaligen Anlagen, Gebäude und Gründe, die der Holzschwemme dienten, in den Besitz der Oberösterreichischen Wasserkraft- und Elektrizitäts-A.-G., heute Ö. K. A., über, die das Kraftwerk schuf und das „Antlitz der Erde" hier gewaltig veränderte und damit neues Leben in das stille Tal der Großen Mühl brachte.

Und so findet der Besucher des Mündungsgebiets der Großen Mühl da und dort noch Reste der quer durch den ehemaligen Holzplatz gezogenen Ausländekanäle, einer davon führt in Erinnerung an die älteste Schwemmzeit noch den Namen der „Passauer Kanal", er findet auch noch Gebäude, deren Namen auf die einstige Bestimmung hinweisen: die schon genannte „Behmkuchl" und das „Schläglerhäusl", das daran erinnert, daß auch das Stift Schlägl an dieser Schwemmtätigkeit beteiligt war, er findet aber eines nicht mehr, die Rechenbrücke in Partenstein. Hier hat die moderne Industrie scharf zugegriffen, 1926 wurde die Brücke abgetragen, am rechten Mühlufer wurde eine Werksstraße gebaut von Neuhaus stromaufwärts bis zum Kraftwerk, diese Straße ist im oberen Teil schön eingesäumt von prächtigen Granitquadern, es sind die letzten Reste der einstigen gedeckten Rechenbrücke. Der „Schutz der technischen Denkmale", den Prof. Dr. HOLEY im ersten Heft dieser Blätter so warm empfohlen hat, kam hier noch nicht zur Auswirkung, doch soll über diesen Schmerz hinweg auch der Freude Ausdruck gegeben werden, daß hier wieder ein großes technisches Werk entstand, wie es das alte war, das heute noch neben den erwähnten baulichen Resten in der Volkssage fortlebt. Wie von manchen Wunderwerken der Technik erzählt die Volkssage auch vom Schwarzenbergkanal, daß ihn ein zum Tode Verurteilter entworfen habe, der sich dadurch sein Leben erkaufte. Der moderne Ingenieur aber schuf sein Werk nicht in todgeweihter Stimmung, sondern in lebensfroher Arbeitsfreude, das erzählen hier die Reste des einstigen und die Anlagen des neuen Werkes.

Schrifttum.

JOHANN CZJZEK, Niveauverhältnisse des Schwarzenbergschen Schwemmkanales. Jahrbuch der Geolog. Reichsanstalt, Wien 1854.

R. HUYER, Geschichtliches über die Verbindung der Moldau mit der Donau. Tagespost, Linz 1901. Unterhalt.-Beil. Nr. 14 u. 15.

Ing. K. EBNER, Die Entwicklung der Holztransporte auf den Wasserwegen des südlichen Böhmerwaldes. Festschrift des Staatsobergymnasiums in Krumau, 1921.

JOSEF SAMES, Holztrift auf der Großen Mühl. Oberösterreichische Tageszeitung, Linz 1926, Nr. 261.

Der Schwarzenbergsche Schwemmkanal. Waldheimat, Budweis 1928, Nr. 11.

JOHANN SIGL, Holzschwemme auf der Großen Mühl. Beiträge zur Landes- und Volkskunde des Mühlviertels. 13. Bd. 1929, S. 50f.

Dr. F. PFEFFER, Alte Holztriftanlagen in Oberösterreich. Heimatland, Linz 1933, Nr. 19.

Zwei Meister der Kunstmechanik am Hof der Kaiserin Maria Theresia:

Ludwig Knaus und Friedrich von Knaus.

Ein technikgeschichtliches Kulturbild.

Von

Ing. Erich von Kurzel-Runtscheiner VDI, Wien.

Mit 8 Abbildungen.

Die Wirren des Dreißigjährigen Krieges hatten im Handwerkerstand und im Bürgerstand Deutschlands jede technische Initiative aufgezehrt. Daraus ergab sich im Sinn der Lehren des Merkantilismus und seiner österreichischen Sonderform des Kameralismus die Notwendigkeit, die fehlenden Einzelkräfte durch das Eingreifen der Staatsgewalt zu ersetzen. Daß damit die Technik mehr und mehr zur Fürstendienerin werden mußte, ist nicht verwunderlich. Ihr Zweck wurde nun in ihrer Alltagserscheinung die Mehrung der wirtschaftlichen Wohlfahrt des Staates, der völlig als Steuerdomäne des Herrscherhauses aufgefaßt wurde. In ihren Spitzenleistungen aber hatte sie dem Glanz des Hofes und der diesen umgebenden bevorzugten Stände dienstbar zu sein.

Diese Erkenntnis läßt sich ohne weiteres erweisen, wenn das Gedankengut vor uns ausgebreitet wird, aus dem im Zeitalter des Kameralismus die Grundlagen des staatlichen Lebens und der Wirtschaft der zu innerer Geschlossenheit und zu großer politischer Macht emporwachsenden Habsburgermonarchie aufgebaut wurden; der Ideeninhalt wird aber der Gegenwart nur dann deutlich gemacht werden können, wenn er durch Schilderung von Einzelschicksalen dargelegt wird. Will man beispielsweise die Technik des barocken Zeitalters, des Zeitalters des „aufgeklärten Absolutismus", wie JOHANN SCHERR es nannte, in ihrer Eigenschaft als „Element des höfischen Lebens" kennenlernen, dann gibt es hierfür kaum ein besseres Beispiel, als die Lebensschicksale der Brüder KNAUS, die als Meister der Kunstmechanik am Hof der Kaiserin MARIA THERESIA in Erscheinung getreten sind.

Unter den Handwerken jener Zeit nahm die Uhrmacherkunst eine bevorzugte Stellung ein. Die Zunft, die alle in diesem Zweig Beschäftigten umfaßte, hatte sich am Ende des Mittelalters von jener der Schmiede abgelöst, als es galt, den immer häufiger werdenden Bestellungen auf Turmuhren gerecht zu werden. Sie hatte bald darauf — bei Aufnahme der Erzeugung von Taschenuhren — einen feinmechanischen Einschlag erhalten. Dieser wurde zur Kunstmechanik, wenn es sich darum handelte, Kunstuhren, Automatenuhren, Automatenwerke und astronomische Geräte herzustellen. In den Werkstätten der Uhrmacher entstanden im Lauf des 18. Jahrhunderts auch die Erstlinge der seither hoch entwickelten und zu hohen Ehren gekommenen Familie der Werkzeugmaschinen, nachdem der Uhrmacherdrehstuhl schon längst zu einem der unentbehrlichsten Geräte dieser Zunft geworden war.

Auch der Vater der Brüder Knaus muß Uhrmacher und Mechaniker gewesen sein. Dies beweist die bei beiden schon in jungen Jahren zu hoher Vollendung gelangte berufliche Kunstfertigkeit und der Umstand, daß die Brüder Ludwig Knaus und Friedrich von Knaus,[1] deren „jüngster Bruder", sowie auch ein als Lehrjunge des älteren Ludwig einmal erwähnter jüngerer Ludwig Knaus — dessen verwandtschaftliches Verhältnis zu den drei anderen nicht festgestellt werden konnte — schon von Kindheit an im Uhrmachergewerbe tätig waren.

Abb. 1. Friedrich von Knaus 1724—1789.

Trotz eingehendster Nachforschung, zu der die Reichsstelle für Sippenforschung in Berlin, das Deutsche Auslandinstitut und der Verein für die Württembergische Familienkunde in Stuttgart, denen an dieser Stelle für ihre bereitwillige Hilfe der Dank abgestattet wird, durch Nachsuche im eigenen Bereich und durch Rundfragen beigetragen haben, ist es nicht gelungen, den Vater und die Vaterstadt der Brüder Knaus festzustellen. Zwar findet sich in Constant von Wurzbachs vielbändigem Werk „Biographisches Lexikon des Kaiserthums Österreich" (Wien 1877/92) eine Lebensgeschichte des Friedrich von Knaus, in der als Geburtsort Stuttgart, als Geburtstag der 7. April 1724 angegeben wird. Das Tagesdatum der Geburt ist sicher richtig. Denn es findet sich auf einem Bildniskupferstich Friedrich von Knaus', der einer auf dessen Veranlassung herausgegebenen anonymen Schrift des Augustiner-Barfüßers Pater Marianus „Selbstschreibende Wundermaschine und mehr andere Kunst- und Meisterstücke..." als Titelbild beigegeben ist. Der Geburtsort dagegen wird auf diesem Kupferstich nicht genannt. Wurzbachs Angabe, daß Friedrich von Knaus in Stuttgart geboren sei, beruht aber jedenfalls auf einem Irrtum. Mehr Anspruch auf Richtigkeit scheint der allerdings sehr ungenauen Angabe bei Ignaz de Luca zuzukommen, der in seinem 1778 erschienenen lexikonartigen Werk „Das gelehrte Österreich. Ein Versuch" mitteilt, daß Friedrich von Knaus „zu Wüttemberg" geboren sei.

Das Deutsche Auslandinstitut hat, zur Frage Stellung nehmend, wie diese Mit-

---

[1] Wieso Friedrich einen adeligen Namen führt, konnte nicht festgestellt werden.

teilung DE LUCAS zu deuten sei, die Annahme, daß FRIEDRICH VON KNAUS in Wittenberg an der Elbe geboren sei, verworfen und der Überzeugung Ausdruck gegeben, daß jene Stelle ohne Zweifel „zu Württemberg" zu lesen sei.

Es kommt daher als Vaterstadt der Brüder KNAUS eine der Ortschaften des damaligen Herzogtums Württemberg in Frage. Für diese Annahme spricht auch der Umstand, daß der Name KNAUS im östlichen Alt-Württemberg, insbesondere im ganzen Rems-Tal sehr verbreitet ist. In welchem Ort, in welchem Städtchen Alt-Württembergs das Vaterhaus der KNAUS' gestanden hat, wo sich die väterliche Werkstätte ursprünglich befunden hat, in der die Brüder wohl die erste Ausbildung

Abb. 2. Das Werk der „Ritterspieluhr".

im Rahmen ihrer handwerklichen Kunst empfingen, das konnte selbst durch eine Rundfrage in der von den meisten Sippenforschern des Deutschen Reichs und insbesondere Württembergs gelesenen Zeitschrift „Praktische Forschungshilfe" nicht geklärt werden.

Und doch besteht ein untrügliches Beweisstück, das nicht nur den Namen des Vaters und den Namen der Stadt überliefert, in der er längere Zeit — wohl die letzten Jahre seines Lebens — verbracht hat, sondern auch Zeugnis ablegt von seiner hohen Meisterschaft als Uhrmacher und Mechaniker: Dieses Beweisstück ist die sogenannte Ritterspieluhr, die in einem der Kaiserzimmer der Wiener Hofburg aufgestellt ist (Abb. 2).

Äußerlich gleicht diese Kunstuhr einem Erzeugnis aus der Zeit um 1750. Der aus Holz gefertigte Kasten, der das Werk einschließt, ist mit feinziselierten Ornamenten aus Bronzeguß versehen, die die typischen Formen des Stils LOUIS XV. zeigen. Die Mechanik des Automatenwerks, das im oberen Teil zwischen Kulissen, die eine barocke Säulenhalle darstellen, in Tätigkeit tritt, ist von prächtigen „Rococo"-Emblemen verblendet. Auf dem Emailzifferblatt, dessen Stundenziffern die Schriftform der Zeit um 1750 erhalten haben, nennt sich — in eben dieser Schriftform — der Meister „Louis Knaus a Darmstadt". Man glaubt also zunächst ein authentisches Werk unseres LUDWIG KNAUS vor sich zu haben.

Aber schon die nähere Betrachtung der Kulissen des Automatenspielwerks läßt die ersten Zweifel aufsteigen: Die Halle, die perspektivisch in die Tiefe geht, zeigt Formen, die typisch sind für den Stil LOUIS XIV. Setzt man dann das Automatenwerk in Bewegung, „das in drei Szenen ein Turnier darstellt", dann erscheint zunächst Fußvolk, und im weiteren Verlauf stürmen zwei Reiterscharen, eine im Vordergrund und eine, perspektivisch verkleinert, im Hintergrund, in die Halle herein, wo sie sich zu bekämpfen scheinen. Die Figuren sind flach, in Blech ausgesägt und reizend bemalt. Aber diese Malerei weist auf eine Zeit, die um Jahrzehnte vor 1750 liegt. Die Zweifel werden zur Gewißheit bei Betrachtung des ausgebauten Werks: Dieses spricht die Formensprache und zeigt technisch Einzelheiten, die für Automaten und Uhrwerke charakteristisch sind, die lange vor 1750 entstanden sind. Die Bauteile, so insbesondere die Zahnräder des Laufwerks und die Kurvenscheiben, die im Wege von Abtastorganen und· Hebelverbindungen die Bewegungen der Figuren des Automatenwerks einleiten, sind sämtlich Handfeilarbeit. Eine Wahlscheibe zum Einstellen und Abstellen des Schlagwerks, des Glockenspiels und des Automatenwerks, die seitlich angebracht ist, sowie auch die den Meister nennende Beschriftung an der Rückseite des Werks „Ludwig Knaus in Darmstadt" zeigen Schriftzüge, die nach ihren Formen allerspätestens im ersten Drittel des 18. Jahrhunderts entstanden sein können.

Welche Schlüsse ergaben sich nun aus diesen Feststellungen? Das Automatenwerk dieser Kunstuhr kann kein Werk unseres LUDWIG KNAUS sein. Wir haben in diesem ein unbezweifelbares Werk des Vaters der Brüder vor uns. Dieser hieß LUDWIG KNAUS, wie sein ältester Sohn. Er lebte und arbeitete — wenigstens einige Zeit, und zwar wohl die letzten Jahre seines Lebens — in Darmstadt. Sein ältester Sohn erbte von ihm das Ritterspiel-Automatenwerk. Dieses war zwar vom Vater fertiggestellt, aber vielleicht von diesem in einem Kasten noch nicht eingebaut worden. Durch den Sohn wurde das Werk später, wohl um 1750, in jenen Kasten eingebaut, der es noch jetzt umschließt.

Trotz dieser Feststellungen muß man sich damit bescheiden, daß man — zur Zeit wenigstens noch — den Ort, aus dem die Familie KNAUS stammt, nicht kennt und daß über das Leben der Brüder KNAUS in der Zeit vor Beginn ihrer Tätigkeit in Darmstadt keinerlei Nachrichten vorliegen. Von FRIEDRICH VON KNAUS berichtet DE LUCA: „Im 13ten Jahre seines Alters kam er an den fürstl. Darmstädtischen Hof, erlernte dortselbst die Gründe der Mechanik, und bekam an diesem Hofe die Stelle eines Hofmaschinisten." Das Jahr des Eintreffens ist also 1737. Ob der Jüngling damals mit seinem Vater, der vielleicht in diesem Jahr an den landgräflichen Hof berufen wurde, nach Darmstadt kam und die Lehre während der letzten Lebensjahre seines Vaters in dessen Werkstatt empfing oder ob FRIEDRICH VON KNAUS als schon verwaister Knabe, dessen Talent früh erkannt worden war, an den Darmstädter Hof gezogen wurde — man weiß es nicht.

Jedenfalls kann aber festgehalten werden, daß FRIEDRICH VON KNAUS seit 1737 dort in Diensten stand. Er oder sein Vater — wenn dieser damals nach Darmstadt kam — wurde wohl nicht vom regierenden Landgrafen ERNST LUDWIG, sondern von LUDWIG VIII., der 1737 noch Erbprinz war, berufen. Dieser junge und freigebige Fürst, der während seines langen Lebens der Kunstmechanik stets ein besonderes Interesse zuwandte, erwies sich dem jungen KNAUS, der wohl bald nach seiner An-

Abb. 3. Die „Kayserliche Vorstellungsuhr".
Photo Wolfrum.

kunft in Darmstadt die ersten Proben einer großen und stets wachsenden Kunstfertigkeit ablegen konnte, als Beschirmer und Förderer: Er machte ihn bald nach seinem 1738 erfolgten Regierungsantritt zum Hofmaschinisten und ernannte ihn zehn Jahre später mit Dekret vom 7. Februar 1749 zum wirklichen Cammer-Diener und Hofmechanikus.

FRIEDRICHS älterer Bruder JOHANN PHILIPP LUDWIG KNAUS wurde um 1739 ebenfalls an den Darmstädter Hof gezogen. Er ist 1715 oder 1716 — unbekannt wo — geboren. Er stand vielleicht bis 1739 im Dienst eines anderen Fürstenhofs und war wohl schon damals ein Uhrmacher und Mechaniker von vollendeter Kunstfertigkeit. Dies beweisen nicht nur seine alsbald einsetzenden Leistungen, sondern auch der Umstand, daß LUDWIG VIII. ihm sofort die Stelle eines Hofuhrmachers verlieh und ihn mit Dekret vom 26. August 1741 in dieser Stellung bestätigte. Die Vorliebe dieses Fürsten für die Kunstmechanik gab den Brüdern KNAUS Gelegenheit, ein bewundernswertes Kunstwerk zu schaffen, das sich heute in Wien befindet (Abb. 3).

„Peu d'objets ont mieux servi la diplomatie que les pendules et celles, qui furent offertes aux grands de ce monde dans un but intéressé, ne sauraient se dénombrer." Dieser Satz, der eine für alle Zeiten geltende Erkenntnis ausspricht, beschließt das Kapitel, das im von ALFRED CHAPUIS und EDOUARD GÉLIS verfaßten zweibändigen Standardwerk „Le monde des automates" (Paris 1928) LUDWIG KNAUS gewidmet ist. Diese Erkenntnis war es auch, die LUDWIG VIII. von Hessen-Darmstadt wenige Jahre nach seinem Regierungsantritt veranlaßte, dem Kaiserpaar FRANZ I. (Franz Stephan von Lothringen) und MARIA THERESIA eine prächtige Kunstuhr zum Geschenk zu machen. Der Meister aber, der diese verfertigen sollte, war LUDWIG KNAUS, und FRIEDRICH VON KNAUS war sein erster und fähigster Helfer bei den sich lange hinziehenden Arbeiten.

Der Entschluß, dieses als „Kayserliche Vorstellungsuhr" bezeichnete Prunkstück herstellen zu lassen, wurde vom Landgrafen LUDWIG VIII. augenscheinlich schon 1745 gefaßt. Für das Automatenwerk dieser Uhr wurde ein ausführliches „Programm" entworfen und dieses mit dem damaligen Vertreter der Kaiserlichen Interessen in Frankfurt am Main KARL Graf COBENZL eingehend besprochen; denn das Geschenk sollte in allem und jedem nicht nur dem künstlerischen Sinn FRANZ STEPHANS und MARIA THERESIAS entsprechen, sondern insbesondere auch durch sein schmückendes Beiwerk jene weltgeschichtlichen Ereignisse sinnfällig darstellen, die den Aufstieg des Herrscherpaares nach Bereinigung des österreichischen Erbschaftsstreits, der aus dem Aussterben des Mannesstamms der Habsburger (1740) entstanden war, zu neuer Fülle der Macht herbeigeführt hatten. Daher wurde inmitten der Vorderseite des künstlerisch ausgestatteten, übermannshohen Uhrgehäuses ein seine Schwingen weithin ausbreitender Aar angebracht und im schirmenden Schatten dieser Schwingen, die laut den auf ihnen angebrachten Initialen das Kaiserpaar darstellen, ist „Sub umbra alarum" eine große Bildnismedaille LUDWIG VIII. von Hessen-Darmstadt angebracht. Inschriften in den Wappenbildern des Sockels weisen auf die Krönungstage FRANZ STEPHANS und MARIA THERESIAS als Kaiser und als Königin von Ungarn und von Böhmen hin.

Im oberen Teil des nach Art der französischen Boull-Uhren ausgeführten, mit Schildkrot plattierten und mit silbernem Figurenwerk reich geschmückten Gehäuses befindet sich das nicht allzu große Zifferblatt. Es trägt die Beschriftung: „Ludwig Knaus fecit in Darmstadt." Unter dem Zifferblatt sieht man eine Art Bühne, auf der das Spiel des Automatenwerks vor sich geht: Vor einer antikisierenden Säulenhalle steht ein Opferaltar mit der Aufschrift „Aeternitati". An diesem Altar huldigen die deutsche, die böhmische und die ungarische Nation dem Kaiserpaar. Zunächst schreitet das Kaiserpaar, FRANZ STEPHAN von links, MARIA THERESIA von rechts kommend, in die Halle. Dann erscheinen kronentragend die Vertreter der drei Nationen. Ihnen folgen zahlreiche allegorische Figuren. Sind alle versammelt, dann begrüßen die Majestäten durch Handbewegung die Huldigenden. Die Träger der Kronen lassen sich kniend nieder. Da naht von oben der Dämon des Hasses. Er wird aber vom Erzengel Michael, der rasch aus den Wolken herabschwebt, mit wuchtigen Schwertschlägen abgewehrt und vertrieben. Nun erscheint in den Wolken Klio, die Muse der Geschichte, die mit goldenem Griffel Schreibbewegungen ausführt und auf einem Wolkenband die Worte „Vivant Franciscus et Theresia" zu schreiben scheint. Von links und rechts erscheinen fliegende, posaunenblasende Engel, ein Choral ertönt und auf die Häupter des Kaiserpaares senken sich Lorbeerkränze. Plötzlich verschwindet die Schrift, die Majestäten geben durch Handbewegungen

Abb. 4. Das Werk der „Kayserlichen Vorstellungsuhr".

das Zeichen zur Beendigung der Huldigung und gehen ab. Auch alle anderen Gestalten verschwinden nun, und damit ist das Spiel des Automatenwerks zu Ende.

Ganz abgesehen von der symbolisch-programmatischen Bedeutung dieses Spiels, ist auch die Kunst der beiden Meister, die dieses Automatenwerk schufen, bewundernswert. Denn dieses stellt eine Spitzenleistung des technischen Könnens des 18. Jahrhunderts dar (Abb. 4).

Aus dem Gesichtswinkel des Kunstuhrmachers und Automatenbauers wurde die „kayserliche Vorstellungsuhr" in einem von R. Eger, Karlstein, verfaßten und in Heft 18 von 1915 des Fachblattes „Deutsche Uhrmacherzeitung" erschienenen Artikel beschrieben und gewürdigt. Während dem Verfasser, soweit er als Meister der Uhrmacherzunft ein Urteil abgibt, vollauf zugestimmt werden kann, muß ihm, sowie er sich als Historiker versucht, die Gefolgschaft aufgekündigt werden: Eger behauptet nämlich, daß „die prächtige Uhr der österreichischen Kaiserin anläßlich ihrer silbernen Hochzeitsfeier" — also am 12. Februar 1761 — zum Geschenk gemacht worden sei. Und Chapuis und Gélis übernehmen diese irrige Angabe, ohne ihre Stichhaltigkeit zu überprüfen. Es ist dem Konsiliar des Museums für Volkskunde in Wien Robert Mučnjak zu danken, der die „kayserliche Vorstellungsuhr" und die „Ritterspieluhr" zurzeit betreut, zuerst an Hand der vorliegenden Abrechnungen über den Bau der erstgenannten Uhr, darauf hingewiesen zu haben, daß hinsichtlich der Entstehungszeit ein Irrtum vorliegen müsse.

Die Abrechnungen, aus denen die Baugeschichte der „kayserlichen Vorstellungsuhr" und der Zeitpunkt ihrer Übergabe an das Kaiserpaar eindeutig hervorgehen, erliegen im Archiv des Schloßmuseums in Darmstadt, ihre Kenntnis ist dem Direktor dieses Instituts KUNO Graf HARDENBERG zu danken. Die Art aber, in der die Herstellung erfolgte, darf wohl als typisch für die Entstehung technisch-künstlerischer Leistungen jener Zeit angesehen werden, ein Umstand, der es berechtigt erscheinen läßt, diese Baugeschichte des näheren darzulegen:

Nachdem Landgraf LUDWIG VIII. von Hessen-Darmstadt 1745 den Entschluß gefaßt hatte, eine „kayserliche Vorstellungsuhr" bauen zu lassen, wurde mit den Arbeiten sofort begonnen, obwohl über die endgültige Gestaltung durchaus noch keine völlige Klarheit bestand. Als Folge dieses vorschnellen Handelns ergab sich, wie aus den Abrechnungen zu ersehen ist, mehrfach, daß schon vorgearbeitete Teile, als unbrauchbar, nicht verwendet werden konnten, neu hergestellt und auch nochmals verrechnet werden mußten.

LUDWIG KNAUS übernahm den Bau der Automatenuhr — wenn man so sagen darf — als Generalunternehmer. Er besaß oder bewohnte in Bessungen, das damals noch ein vor den Toren der Stadt Darmstadt gelegenes Dorf war, ein Haus, in dem auch seine Werkstatt untergebracht war. In dieser arbeitete er mit seinem Bruder FRIEDRICH, seinem „jüngsten Bruder, welcher als Jung Dienste geleistet", und mit seinen sonstigen ständigen Werkstattangestellten, von denen in den Abrechnungen ein „Uhrmacher Zanker und ein Geselle" besonders aufgezählt werden. Sie alle wohnten auch im Haus und wurden in der Familie verköstigt.

Außerdem war ein Kommen und Gehen von Handwerkern und Künstlern verschiedener Berufe; so werden aufgezählt: Bildhauer, Silberarbeiter, Bearbeiter „für Schildkrotten", ein Futteralmacher, ein „Kistler", der Teile des Gehäuses anfertigte, ferner ein Stückgießer, ein Glockengießer und ein Großuhrmacher, die Teile des Glockenspiels lieferten, ein Mann, der die „Walzen setzte", ein Licentiat, der mit der „Abstimmung der Glocken" 14 Tage verbrachte, und endlich der in Darmstadt ansässige Maler G. A. EGER, der mit „Mahler Sonntag, Hülfe des Malers Eger, Mahler Stockmar und dem jungen Hasselmeyer, Farbenreiber bei Mahler Eger... über 16 Wochen an dem großen Dessein, die Vorstellung der Uhr samt dem Kasten zu mahlen nebst anderen dazu gehörigen Zeichnungen zugebracht". Alle diese Vielen, die am Zustandekommen des Gesamtkunstwerks mitbeteiligt waren, kamen nach Bessungen; die meisten von ihnen wohnten, wenn auch nicht gleichzeitig und auf die Dauer, so doch kurzfristig im Werkstatthaus des LUDWIG KNAUS und wurden dort verköstigt.

Als endlich dann im Jahr 1750 der Tag der Übergabe näher kam und — obwohl „den 13. April die Uhr wieder in Arbeit genommen wurde" — sich die Fertigstellung immer noch hinauszögerte, mußte KNAUS, „da auf die Verfertigung des Werks getrieben, mehrere Hülfe nehmen". Es wurden „2 Gesellen von dem Uhrmacher Möllinger in Neustadt a. d. Hardt entlehnt vom 26. July bis 2. Oktober", im Haus bequartiert und verköstigt. Schon vor diesem Tag des Jahres 1750 aber müssen die Arbeiten zu Ende gegangen und die „Kayserliche Vorstellungsuhr" verpackungsbereit gewesen sein.

Ein Verschlag war angefertigt und auf einer Kutsche ein Gestell angebracht worden, damit die im Verschlag verpackte Uhr unbeschädigt nach Wien gebracht werden könne. Ludwig Knaus hatte sich auch „ein paar alte Pistolen und 1 Flinte um auf der Reisse im Fall der Noth nicht ohne Gewehr zu sein", beschafft. Am 12. September 1750 bescheinigt er, daß ihm „auf Sermi Hochfürstl. gnädigsten Befehl, wegen der noch bevorstehenden Wiener Reiss, von Cammer-Sekretario Wachter richtig sind bezahlt worden, 150 fl".

Als das Kunstwerk endlich vollendet und aufgepackt war, mußte die Reise nach Wien in allergrößter Eile angetreten und durchgeführt werden. Galt es doch, dem Kaiserlichen Paar am 20. Oktober 1750, als dem Tag, an dem sich die Thronbesteigung Maria Theresias zum zehntenmal jährte, das fürstliche Geschenk zu übergeben.

Trotz des Fehlens einer Nachricht aus der Zeit kann aber doch angenommen werden, daß von diesem Zeitpunkt an die Mechanikerkunst der beiden Knaus, die das Automatenwerk persönlich nach Wien brachten, am dortigen Hof voll und ganz anerkannt wurde; denn beide Brüder fanden später Stellungen im Gefolge des Kaiserpaares.

Nach Beendigung der Arbeiten an der großen Kunstuhr trennten sich die beiden Brüder: Ludwig Knaus blieb auch weiterhin am Darmstädter Hof, während Friedrich eine größere Reise antrat, die ihn zunächst nach Frankreich führte.

In den nun folgenden Jahren beschäftigten Friedrich von Knaus Versuche, die Schreibarbeit zu mechanisieren, als deren Ergebnis 1753 bis 1760 vier Schreibapparate entstanden; jeder von diesen — sie sind hier mit Ziffern I bis IV bezeichnet — übertraf seine Vorgänger an kunstvollem Aufbau und an Leistung. Das erste dieser Geräte war jener noch recht unvollkommene, spätestens 1753 vollendete Schreibapparat (I), den Friedrich von Knaus König Ludwig XV. in Versailles und anderen Fürstlichkeiten hatte vorführen dürfen, ehevor er mit ihm — wohl 1754 — in Brüssel eintraf.

Hier residierte seit 1748 als Generalgouverneur der Österreichischen Niederlande der jüngere Bruder Kaiser Franz I. und Gatte Maria Annas, der Schwester Maria Theresias Prinz Carl Alexander von Lothringen. Dessen Minister und des Staatskanzlers Fürst Kaunitz Adlatus für die Niederlande war seit 1753 Karl Graf Cobenzl, den wir als Berater Ludwig VIII. von Hessen-Darmstadt aus Anlaß der Festlegung des symbolischen Programms der „Kayserlichen Vorstellungsuhr" bereits kennengelernt haben.

Cobenzl kannte zumindest Ludwig Knaus, der ihn zweimal in Frankfurt am Main aufgesucht hatte, persönlich. Friedrich von Knaus war also Cobenzl, auch wenn er bis dahin ihm noch nicht begegnet sein sollte, als er in Brüssel eintraf, kein Unbekannter. Cobenzls Vermittlung hatte es Knaus wohl auch zu danken, daß er nun in lothringische Dienste treten konnte und daß Prinz Carl Alexander den ersten der Knausschen Schreibapparate ankaufte; auch er brachte ja, ebenso wie sein kaiserlicher Bruder, der Mechanik und den Naturwissenschaften großes Interesse entgegen. Die Tatsache, daß Friedrich von Knaus eben damals zur katholischen Religion übertrat, dürfte das Interesse des Prinzen für seinen neuen Gefolgsmann noch erhöht haben. Knaus hat sich später als dessen „Hofmathematicus" be-

zeichnet, ob ihm aber dieser Titel auch verliehen wurde, ist nicht mehr festzustellen.

Friedrich von Knaus verbrachte die letzten Friedensjahre, die dem Ausbruch
des Siebenjährigen Krieges vorausgingen, in Brüssel. Als bei dessen Ausbruch im
Sommer 1756 Karl von Lothringen, mit der Führung der österreichischen Heeres-
macht betraut, Brüssel verlassen hatte, folgte ihm sein Hofmathematicus bald nach
Österreich. Dieser blieb auch in Wien, als sein fürstlicher Herr 1758 auf seinen

Abb. 5. Kaiser Franz Stephan von Lothringen im Kreis seiner wissenschaftlichen Paladine
in seinen Sammlungen; ganz rechts Abbé de Marcy.
Nach einem Gemälde von Franz Mesmer und Jakob Kohl im großen Treppenaufgang des Naturhistorischen Museums
in Wien.

Gouverneursposten zurückgekehrt war: denn Friedrich von Knaus war, noch
ehevor die Dinge diese Wendung nahmen, in Wien in die Dienste des Kaisers getreten und dem damals von Abbé Jean François de Marcy geleiteten physikalischen Hofkabinett, das dieser Fürst geschaffen hatte, als Hofmechaniker zugewiesen worden.

Der Kaiser war seit je wissenschaftlichen Neigungen ergeben und bestrebt,
seine chemischen, physikalischen und mechanischen Kenntnisse im Sinn des Kameralismus für das Wohl des Staatsganzen zur Wirkung zu bringen. Diente des Kaisers
Veranlagung auf diese Weise der Allgemeinheit, so führte sie anderseits, scheinbar
nur dem persönlichen Interesse dienend, zur Anlage großer Sammlungen, die er, dem

Gebrauch der Zeit entsprechend, zu „Cabinetten" ausgestalten ließ. Diese großzügige organisatorische Arbeit wurde zum größten Teil in den Friedensjahren zwischen dem Ende des Österreichischen Erbfolgekriegs (1748) und dem Ausbruch des Siebenjährigen Kriegs (1756) geleistet. Damals umgab sich der Kaiser mit jenem Stab von ausgezeichneten Vertretern der ihn interessierenden Wissenszweige, denen er die Schaffung von vier wissenschaftlichen und künstlerischen Hofinstituten übertrug. Diese sind die Grundlage jenes weltbekannten wissenschaftlich-künstlerischen Apparats geworden, über den Wien heute noch verfügt. Ein Gemälde, das Franz Mesmer um 1760 schuf, zeigt den Kaiser inmitten seiner wissenschaftlichen Paladine,

Abb. 6. Das Physikalische Kabinett des Allerhöchsten Kaiserhauses.

Dieses um 1790 von unbekannter Hand gemalte Aquarell zeigt das Inventar und — allerdings nach der Gepflogenheit der Zeit ein wenig idealisiert — Einrichtung und Räumlichkeit dieses Instituts. In der Mitte halt der Direktor des Instituts, Hofmathematikus Joseph Nagel, für junge Erzherzoge und Mitglieder der Hocharistokratie eine Lehrstunde ab. Das Aquerell stammt aus der Sammlung Figdor und ist nun als Leihgabe der Wiener Städtischen Sammlungen im Wiener Technischen Museum ausgestellt.

zeigt aber auch die völlig neuzeitig anmutende Ausgestaltung der Sammlungsräume, die der Kaiser hatte herstellen lassen (Abb. 5).

Unter den vier Gelehrten, die ihn umgeben, interessiert an dieser Stelle Jean François de Marcy. Er stammte aus dem belgischen Ort Chassepiere und hatte als Angehöriger des Jesuitenordens eine gründliche und vielseitige wissenschaftliche Ausbildung erhalten.

Mit dem Direktor Franz Chr. von Scheyb war Marcy um 1728 in Neapel Erzieher im Hause des Vizekönigs Graf Harrach, von wo er um 1740 mit dem jungen Grafen nach Leyden reiste, das er um 1743 verließ. In Paris erschien 1753 sein Gedicht über die Malerei, gemeinsam mit einer ähnlichen Arbeit von C. A. Dufresnoy. Nach Wien gelangte Marcy 1744 und wurde hier Professor an der Universität, Kanonikus von Leitmeritz und bald auch Direktor des Physikalisch-mathematischen Kabinetts, für das er selbst Maschinen konstruierte; auch als „K. k. Mathematicus" und als „studii physici et mathematici Praeses" wird er urkundlich erwähnt. Gemeinsam mit J. B. Bréquin entwarf er im Jahre 1763 Projekte zur Melioration der Wiener Neustädter Heide, zu Wasserbauten am Rhein und bei Altbreisach und zur Anlage von Hochwasserdämmen an der Donau. Im Jahre 1766 machte er gemeinsam mit Duval eine Reise durch die Alpenländer, verfaßte in Innsbruck über Auftrag der Kaiserin die Inschriften für den Triumphbogen. 1768 leitete er die Herausgabe von Peter Anichs berühmter Karte von Tirol. Auch als Kupferstecher scheint Marcy tätig gewesen zu sein.[1]

Diesem vielseitigen Manne war Knaus nun zugeteilt. Für das von Marcy geleitete Physikalische Kabinett (Abb. 6) verfertigte dieser 1758 einen Schreibapparat, der dreizeilige Phrasen automatisch niederschrieb (II) und in dessen Räumen aufgestellt wurde. Im anonym erschienenen „Wiens gegenwärtiger Zustand unter Josephs Regierung" (Wien 1787) wird dieser Schreibapparat wie folgt beschrieben: „Eine Maschine, welche ohne Anlegung einer menschlichen Hand diese Worte in Fractur und Current schreibt: Austriacae Domi Deus nec metas rerum, nec Tempora ponat. Das Gehäus dieser Maschine ruht auf vergoldeten Laubwerken, den Tempel der Tugend vorstellend. Sie ward im Jahre 1758 verfertigt." Dieser Arbeit folgte 1759 der Bau eines weiteren Schreibapparats (III) ähnlich dem im Vorjahr volendeten; auch dieser wurde zunächst den Beständen des Physikalischen Kabinetts einverleibt, aber später (1767) dem Hof des Großherzogs von Toscana geschenkt.

Das „Physische und mathematische Kabinett", zu dem auch das Mechanische gehörte, war bis zum Ausgang des 18. Jahrhunderts in Räumen untergebracht, die von einem Korridor aus zugänglich waren, „der von den Hofzimmern nach der Hofpfarrkirche St. Augustin führte". Es war also in dem die Front der Augustinerkirche verblendenden Flügel des von den beiden Fischer von Erlach errichteten Baues der Hofbibliothek (vollendet 1726) untergebracht. Über seine Bestände berichten die 1792 in Wien anonym erschienenen Schriften „Nützliches Adreß- und Reisebuch oder Archiv der nötthigsten Kenntnisse von Wien für Reisende, Fremde und Inländer": „Die schönen Werkzeuge sind an den Wänden in Glaskästen aufgestellt, und werden zu jeder Zeit an Liebhabern auf ihr Verlangen einzeln herausgenommen, gezeigt, und ihr Gebrauch erklärt. Das Mechanische Kabinett enthält genaue Modelle von Mühlen, hydraulischen Maschinen, Hobeln, Modelle einer Dreschmaschine und anderer Haushaltungsmaschinen, Pflüge, unter welchen einer ist, wie er in Steyermark gebräuchlich ist, und einer der zugleich pflüget, säet, und den Samen durch einen hinten angebrachten Rahmen mit Erde bedeckt. Eines der nützlichsten Modelle ist das, wodurch das Wasser aus der Tiefe der Bergwerke herausgeschafft wird. Es besteht aus einer Anzahl Pumpen, deren jede ihr Wasser in ein Bassin ausgießt, welches wieder von einer anderen Pumpe aufgenommen wird. Die Werkzeuge der Experimentalphysik, dioptrische, katoptrische, elektrische In-

---

[1] Siehe Justus Schmidt, „Voltaire und Maria Theresia. Französische Kultur des Barock in ihren Beziehungen zu Österreich". Wien 1931. Marcy starb 1791 in Löwen, wo er als Kanzler der Universität dieser Stadt, Propst zu St. Pierre und Kanonikus von Soignies die letzten Jahre seines Lebens verbracht hatte.

strumente sind hier in der größten Vollständigkeit beysammen. Der Saal, wo diese
Maschinen aufbewahrt werden, ist zugleich der Lehrsaal, wo ihre Brauchbarkeit
und ihr Endzweck erklärt wird. Außer den täglichen Stunden wird noch alle Sonn-
tage Vormittag ein Kollegium über die Mechanik unentgeltlich gelesen, wo die
Maschinen gezeigt und erklärt werden. Die vorzügliche Absicht dieses Kollegiums
ist: den Handwerkern einige Begriffe der Mechanik beyzubringen, wodurch ihnen
Vieles in ihrem Berufe erleichtert werden kann, und sie zu Einsichten gelangen
können, die sie sonst nirgends erlangen würden."

Im Jahre 1760 endlich vollendete FRIED-
RICH VON KNAUS seinen vierten Schreibapparat
(IV), den er die „allesschreibende Wundermaschine" (Abb. 7) nannte. Er muß lange Zeit an
diesem Gerät gearbeitet haben, ohne es gangbar
machen und abliefern zu können. Dies geht aus
einem Bericht des Nachfolgers des 1772 als Kanzler der Universität Löwen nach den Österreichischen Niederlanden abgegangenen Abbés MARCY
und somit des Vorgesetzten FRIEDRICH VON
KNAUS', des Direktors und Präses Studii Physici
et Mathematici der Wiener Universität JOSEF
NAGEL hervor, der in einer wohl in den ersten Monaten des Jahres 1781 verfaßten und dem Obersthof-
marschallamt vorgelegten Stellungnahme zu an-
maßenden Behauptungen des von FRIEDRICH VON
KNAUS selbst veranlaßten Druckwerkes „... Selbstschreibende Wundermaschinen, auch mehr andere
Kunst- und Meisterstücke ..." berichtet:

Abb. 7. Federführung der „Alles-
schreibenden Wundermaschine".

„Als Knaus die Schreibmaschine mit kayserl. Kosten noch nicht gänzlich geen-
digt hatte, kam er bey dem höchstselb. Kayser ein, dass ihm der Titel eines K. K. Raths
beygelegt werden möchte; als ihm aber seine Bitte mit dem Bescheid abgeschlagen
wurde, dass er zufrieden seyn sollte, sich einen Hof-Mathematicum nennen zu dürfen,
so verliess er die noch nicht geendigte — von dem Kayser verlangte und mit vielen
Kösten schon soweit gebrachte Arbeit der Maschine, auch mit ihr zugleich diese
Residenz-Stadt; kam doch endlich, nachdem er den Kayser auf die Vollendung lange
Zeit hatte warten lassen, nach Wien zurück, und fand sich wieder bey Hofe ein;
allein ungeachtet der alles selbstschreibenden Wundermaschine, mußte er sich des
ehemahlig allerhöchsten Zutrauens und der kayserl. Gnaden gänzlich verlustiget sehen,
hat auch den Zutritt bey Hofe nicht ehender, als nach dem Thod des Kaysers wieder
erhalten können. Indessen liess der Kayser ihm sagen, er solle die Maschine (welche
bereits vieles gekostet) zu Stande bringen, und nach Hofe liefern: wofor er auch,
als es geschehen war, eine angemessene Belohnung erhalten habe. Nach dem Thod des
Kaysers wurde Knaus endlich auf die Fürbitte eines hier anwesenden Prinzen von
Hessendarmstadt von der höchstselb. Kayserinn Königinn als Inspektor des physischen
Hof-Cabinets, unter der Direktion des Abbé Marcy angestellet; welchen Charakter
auch Knaus, und zwar vom Jahre 1772 unter meiner Direktion bis hiehin beybehalten hat."

Der Kaiser hat, solange er lebte, KNAUS nicht wiedergesehen. Er ließ sich auch
dann nicht versöhnen, als dieser 1760 ihm die endlich fertiggestellte „alles-

schreibende Wundermaschine" an dessen Geburtstag (4. Oktober 1760) ablieferte und das Gerät vor den Allerhöchsten Herrschaften und dem gesamten Hof folgende, vorher eingestellte Zeilen schrieb:

„Monsieur! Faites moi la grace de m'écuter à ce, que je vous ecris par celle ci. Le monde a cru, que je ne serois jamais perfectionné par mon créateur, même on le persécuta tant, qu'il fut possible: mais maintenant il m'a mis dans un tel état, que j'écris toutes les langues, malgré tous ses envieux, et je suis en vérité

Vienne le 4. Octobr.　　　　　　　　　　　　　　　　Monsieur
　　　　　　　　　　　　　　　　　　　　　　　　le plus fidel Secretaire.

Diese „allesschreibende Wundermaschine" ist ein höfisches Prunkstück von beinahe zwei Meter Höhe, dessen mechanische Einrichtungen in einer Weltkugel verborgen sind. Die eigentliche Schreibeinrichtung ahmt bei Herstellung der Schrift die schreibende menschliche Hand nach. Die Feder wird von dem Arm einer Automatenfigur derart geführt, daß drei Abtastorgane über drei Hebel jeweils von einer der vorgesehenen Führungsscheiben in Bewegung gesetzt werden. Jede der Führungsscheiben entspricht einem Buchstaben und enthält jene drei Kurvenzüge, die gleichzeitig auf die Abtastorgane einwirken und dadurch die Schreibbewegung einleiten. Die Schreibarbeit wurde dadurch automatisiert, daß auf einer federbewegten Trommel, die auf deren Oberfläche befindlichen Lochungen, von denen je eine Reihe einem Buchstaben entspricht, zufolge dem jeweils gewünschten Text gesteckt wurden.

Übrigens ist auch Nagels Behauptung, daß nicht einmal die mechanische Einrichtung der Federführung dieses Schreibapparats Friedrich von Knaus' eigene Erfindung gewesen ist, richtig. Allerdings war sie auch nicht — wie Nagel glaubte — jene seines älteren Bruders Ludwig, sondern die des Vaters der beiden Knaus. Nagel sagte in der oben erwähnten Stellungnahme zu diesem Gegenstand, es könne nicht „mit der Wahrheit stehen, warum der Inspektor behauptet, dass die zu Formierung der oft nöthige mechanischen Bewegung seiner Erfindung sey: indem solche schon bey der grossen Darmstädter Uhr, die in der K. K. Schatzkammer stehet, angebracht ist: alwo eine mit der Feder versehene Hand über die dahinter befindliche Schrift fährt, und alle ihre Züge macht".

Der Schreibapparat, der — wie immer man sich zur Persönlichkeit Friedrich von Knaus' stellen mag — ein bedeutsames Werk spätbarocker Mechanik darstellt, ist seinerzeit eines der meistbewunderten Schaustücke des Wiener Physikalischen Hofkabinetts gewesen und wurde bei Fürstenbesuchen, so auch beim Besuch des Papstes Pius VI. (1782) immer wieder vorgeführt. Auf dem Weg über die Sammlungen des Wiener Polytechnischen Instituts (jetzt Technische Hochschule) kam dieser Schreibapparat in das Wiener Technische Museum. Er wurde dortselbst vor kurzem wieder gangbar gemacht und war im Oesterreichischen Pavillon der Pariser Weltausstellung 1937 zur Schau gestellt.

Am 18. August 1765 starb Kaiser Franz I. Knaus, der inzwischen noch drei in den Jahren 1723 bis 1725 von anderer Hand verfertigte Automatenwerke — er nennt sie „bewegliche Bildertafeln (Tables mouvantes)" — wiederhergestellt hatte, erhielt nun von der verwitweten Kaiserin Maria Theresia die Erlaubnis, an den Hof zurückzukehren. Er bekam zugleich die Stelle eines Inspektors des Physikalischen Kabinetts des Kaiserhauses, die er schon früher bekleidet hatte, und war als solcher zunächst wiederum Abbé von Marcy, der damals noch der Direktor dieses Kabinetts war, unterstellt. Dort war Knaus mit der Wiedergangbarmachung und Neuaufstellung der Apparate beschäftigt. Über diese Arbeit berichtet er großsprecherisch in dem von ihm veranlaßten Druckwerk: „Und hierzu verwendete Herr Friedrich von Knauss nicht drey der Jahre, wie man würde geglaubt, und auch gerne ihm zugestanden haben, sondern nur einzig drey der Monate, da doch nichts dabey den Einsichten, den Anstalten und den Vorkehrungen des unermüdeten Mannes mit Fug auszustellen war, ausgenommen diess einzige, was ihm ein Grosser und wahrer Gönner sehr klug und gutherzig, als einen nicht geringen Fehler, sondern als ein gräuliches Versehen aussetzte: dass er nähmlich nicht nach den Weltbrauche ganzer 3 Jahre, sondern blos 3 Monate zu so einem Werke sich kosten liess, um nur mehr Ehre und Hochschätzung nach Art der Grossprecher, sich hierdurch zuzuziehen.‟

In der 1787 erschienenen Stadtbeschreibung „Wiens gegenwärtiger Zustand unter Josephs Regierung‟ werden bei Besprechung des Physikalischen Kabinetts vier „Kunststücke‟ aus dessen Beständen angeführt. Drei von diesen waren Erzeugnisse

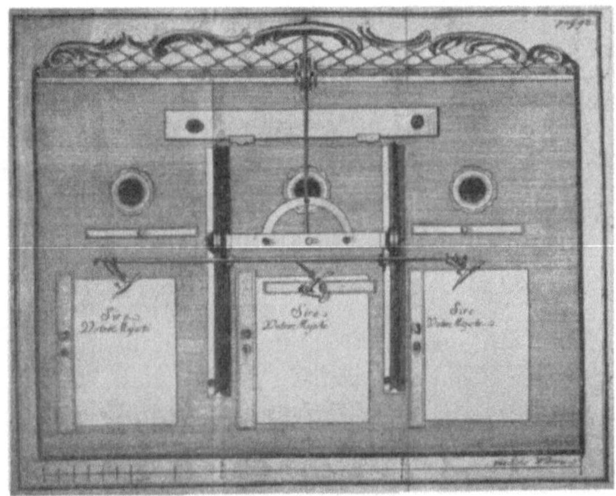

Abb. 8. Der „seltsame Schreibtisch‟, der „zugleich dreymal schreibt‟ (1764).

Friedrich von Knaus': Es waren dies zwei der von ihm angefertigten Schreibapparate (II und IV) sowie der „seltsame Schreibtisch, welcher für Se. Höchstselige Majestät dem römischen Kaiser Franz I. J. 1764 erfunden und gemacht worden ist‟ (Abb. 8). Dieser wird beschrieben als „eine mit grünem Tuche überzogene Tischplatte, auf welcher ein kleines Maschinchen ruht, die jede Schrift, die man ihr vorlegt, zugleich dreymal schreibt ebenso jede Zeichnung dreymal copirt und auch Porträte zu gleicher Zeit dreymal verfertigt‟. Es konnten drei Bogen Papier aufgelegt und durch Lineale festgeklemmt werden, „über welche sodann die Schreibmaschine, ohne Hinderniss, sich schwingen lässt, nicht anders, als wenn man nur einen Kiel in der Hand zu führen hätte‟. Dieses Schreibgerät war so recht eine Erfindung aus den Bedürfnissen der Zeit, die kein Durchschreib- oder Durchschlagverfahren und auch noch keines der seither Allgemeingut gewordenen Kopierverfahren kannte, einer Zeit, in der Staatskanzleien, Ämter, Personen und Unternehmungen schon längst die Übung der Ausstellung von Urkunden und Urbarien, von denen Abschriften nicht hinterlegt wurden, verlassen hatten und zum Austausch von Noten und zum Aktenverkehr übergegangen waren, bei dem neben der Reinschrift jedenfalls e i n Entwurf und häufig auch mehrere Abschriften herzustellen waren. Das von Fried-

RICH VON KNAUS erdachte Schreibgerät mit den drei an einem Verbindungsstab befestigten Kielfedern war also ein Versuch, die Herstellung mehrerer Gleichstücke in einem Arbeitsgang mit rein mechanischen Mitteln zu ermöglichen, der, wenn er sich auch in der Praxis nicht durchsetzen konnte, doch immerhin auch heute noch Interesse erweckt.

Bei der Herstellung zweier anderer Apparate aber, die ebenfalls im Physikalischen Kabinett aufbewahrt wurden, war der Erfindungsgeist FRIEDRICH VON KNAUS' von Voraussetzungen ausgegangen, die nach heutiger Erkenntnis zwangläufig zum Mißerfolg führen müssen: Es waren dies zwei Versuchsgeräte, mit denen das Problem „Perpetuum mobile" gelöst werden sollte, eine sogenannte „Perpentikelmaschine stille Wasser fließend zu machen" und eine „Universalmaschine, die anstatt aller Elemente wirket".

Nach dem 1772 erfolgten Abgang des Abbés VON MARCY wurde der schon erwähnte JOSEPF NAGEL Direktor des Physikalischen Kabinetts. Mit diesem seinem Vorgesetzten lebte KNAUS in dauernder latenter Feindschaft. Kaiserin MARIA THERESIA hatte die Dienstverhältnisse durch eines ihrer gewohnten Handbilette, wie folgt geordnet wissen wollen: „Der Duval ist und bleibet exclusive aller andern, Director des Medaillen Cabinets womit der Nagel als Physikalischen Cabinets Direktor, nichts Thuen hat. Der Knauss solle die Absicht unter der Direction des Nagels wie bis dato mit dem Marcy geschehen beybehalten, und wird der Marcy in beysein des Unt Secretair und des Knauss dem Nagel alles weisen und zeigen wass der Knauss in seiner Absicht habe."

1780 gab, durch FRIEDRICH VON KNAUS inspiriert, der Barfüßer Pater MARIANUS des Wiener Augustiner Klosters ein Buch „. . . selbstschreibende Wundermaschinen, auch mehr andere Kunst- und Meisterstücke, als so viele nunmehr aufgelöste Problemen. . ." heraus. Es zeigt gegenüber dem Titelblatt das ordensgeschmückte Bildnis FRIEDRICH VON KNAUS' (Abb. 1), nennt ihn mit den Titeln eines „kaiserl. königl. Direktors der physikalischen und mathematischen Kabinete an der Hofburg, und goldenen Ritters, auch des heil. päpstlichen und Lateranenser Hofes palatinischen Grafen ec. ec." und ist in einem selbst für die damaligen, den Bombast liebenden Zeiten ungeheuerlich großspercherischen Ton gehalten. Die Gegensätzlichkeiten zwischen NAGEL, der doch selbst der „Direktor" des Physikalischen Kabinetts ist, und dem ihm unterstellten „Inspektor" KNAUS werden damit zum offenen Konflikt. In diesem erfolgt die schon erwähnte Stellungnahme NAGELS in Form einer Eingabe an das Obersthofmeisteramt. Zwanzig Tage nach der Herausgabe des Buches — es ist am Ende der Vorrede datiert „5. Wintermonats J. 1780" — war Kaiserin MARIA THERESIA gestorben. Nach dem Tod der mächtigen Beschützerin kann gegen KNAUS schärfer vorgegangen werden. So erscheint am 7. Juli 1781 in der Wiener Zeitung folgender Artikel:

„Es ist zwar das unlängst von einem Augustiner Baarfüsser, Namens P. Marian, nach dem ihm von dem Herausgeber mitgetheilten Plan, verfasste Werk unter dem Titel: Friedrich von Knauss, k. k. Directors der physikalischen und mathematischen Kabinette an der Hofburg etc. selbst-schreibende Wundermaschinen, auch mehr andere Kunst- und Meisterstücke, in denen hiesigen Zeitungsblättern einigemahl dem Publiko angerühmt, aber nach nunmehr erfolgter Untersuchung desselben, von hoher Behörde angeordnet worden, folgendes weiters noch bekannt zu machen. Erstens seye Friedrich von Knauss nicht als Director, sondern als Inspector unter der Direction des Herrn Hofmathematici Josef Nagel, bey dem k. k. physischen Hofkabinett angestellt; andertens: seye ebenso wenig Herr Inspector von Knauss als Hofmathematicus in den Diensten weil. Sr. kön. Hoheit des Prinzen Karl von Lothringen gestanden; drittens: die Einrichtung des ersten Kabinetzimmers wurde der vorherigen Direction des Herrn Abbé Marci und des zweyten Zimmer der jetzigen Direction des Herrn Hofmathematici Nagel überlassen, aber nicht der Willkuhr des Herrn Inspector v. Knauss viertens: die in dem Werke angerühmte Perpendikelmaschine ist weder dermahl von dem Herrn Abbé Marci, noch die nahher verfertigte Universalmaschine von dem Hr. Director Nagel, gutgeheissen worden, übrigens fünftens, ist zwar in der Zeitung von 2. Brachm. eingeflossen, dass das Werk des Herrn Inspectors von Knauss von Seiner röm. kais. kön. ap. Majestät ganz adoptirt, seiner Kanzley einverleibet, auch dasselbe bereits in dessen allerhöchsten Schutz und ganz besondere Protection aufgenommen sey, allein all dies um so ungegründeter, als Seine Maj. vielmehr das Werk gehörigen Orts zur Untersuchung übergeben, und darüber den allerunterthänigsten Bericht abgefördert haben.‘‘

Schon zwei Jahre ehevor das Geschick Friedrich von Knaus’ diese für ihn unangenehme Wendung nahm, war sein Bruder Ludwig Knaus nach Wien gekommen und nicht lange darauf in den Dienst des Kaiserhauses getreten. Er war, als die Brüder sich nach der Fertigstellung der „Kayserlichen Vorstellungsuhr‘‘ trennten, auch weiterhin in Darmstadt verblieben. Landgraf Ludwig VIII. war ihm auch weiterhin gewogen und auch dessen Sohn und späterer Nachfolger Ludwig IX. sowie auch dessen Gemahlin Henriette Christine, die Schwester des Pfalzgrafen Christian IV. von Pfalz-Zweibrücken-Birkenfeld scheinen anfänglich des Ludwig Knaus hohe Gönner gewesen zu sein. Dies geht daraus hervor, daß Knaus, obwohl er niemals im Dienst des Pfalzgrafen gestanden war, von diesem — wohl, um seiner Schwester gefällig zu sein — am 27. Oktober 1761 „für seine bisher als Kammerdiener des Landgrafen Ludwig VIII. geleisteten Dienste‘‘ zum „würklichen Hofrath‘‘ ernannt wurde. Dieser Standeserhöhung folgte am 5. Januar 1765 die Ernennung zum Hessen-Darmstädter Hofkammerrat.

Trotz dieser Gunstbeweise scheint es für Ludwig Knaus in Darmstadt kein rechtes Betätigungsfeld mehr gegeben zu haben, seitdem, nach Ludwig VIII. 1768 erfolgtem Heimgang, sein Sohn Ludwig IX. ihm auch in der Regierung der Landgrafschaft Hessen-Darmstadt (1768 bis 1790) gefolgt war. Er ließ es sich angelegen sein, das, was sein Großvater und sein Vater im wahrsten Sinn des Wortes verschuldet hatten, wieder gutzumachen und die Finanzen der Landgrafschaft, deren Regierung er nach seines Vaters Tod übernommen hatte, wieder in Ordnung zu bringen. Er nahm auch nicht in Darmstadt seinen Wohnsitz, sondern residierte weiterhin in Pirmasens, im Hauptort des Fürstentums Hanau-Lichtenberg, das er schon zu seines Vaters Zeiten verwaltet hatte.

Als die neue Richtung zur Geltung kam, begann Ludwig Knaus sich umzustellen und bewies bald, daß von ihm auch auf dem Gebiet der „ernsten‘‘ Technik, so im Bergbau und im Militäringenieurwesen, Leistungen zu erwarten seien, die über das Alltägliche weit hinausgingen. Seit 1774 aber war sich Ludwig Knaus trotzdem darüber im klaren, daß für ihn und seinesgleichen am Darmstädter Hof kein Platz mehr sei. Er begann daher Verbindungen zum Wiener Kaiserhof anzuknüpfen, wo sein Bruder Friedrich lebte und damals noch in voller Gunst stand.

LUDWIG KNAUS hatte drei Modelle von bergbaulichen Maschinen fertiggestellt, mit denen er in der zweiten Hälfte des Jahres 1775 in Wien erschien, nachdem er, begleitet von Frau und Kindern, Darmstadt endgültig den Rücken gekehrt hatte. LUDWIG KNAUS gelang es, wohl durch Vermittlung seines Bruders, dem Kaiserin MARIA THERESIA sehr gewogen war, diese für seine Erfindung zu interessieren. Die Kaiserin wies LUDWIG KNAUS an ihren allmächtigen Kanzler Fürst KAUNITZ, und dieser empfahl ihn an den Münz- und Bergwerkspräsidenten FRANZ Graf KOLOWRAT, der seinerseits den Professor der Mathematik und Mechanik an der Theresianischen Akademie PAULUS MAKO de Kerek-Gede mit der Abstattung eines Gutachtens betraute. Aus diesem geht hervor, daß es sich bei der Erfindung des LUDWIG KNAUS um den Versuch gehandelt hat, die damals üblichen Feldgestänge zu verbessern, die dazu dienten, um aus „Aufschlagwasser" gewonnene Kräfte durch schwingende Gestänge an Arbeitsmaschinen wirksam zu machen, die, durch eine größere Entfernung von der Stelle der Kraftgestehung getrennt, aufgestellt waren. Denn diese Feldgestänge wurden in ihrer Wirkung durch große Reibungsverluste beeinträchtigt, die sich aus den großen hin- und herschwingenden Massen und aus den zahlreichen Lagerstellen naturgemäß ergaben.

MAKO berichtet nun, daß LUDWIG KNAUS auf dreierlei Weise versucht hätte, diese Reibungsverluste herabzusetzen: durch eine Maschine mit einem „krummen Zapfen" (Kurbeltrieb), durch eine Maschine mit e i n e r Rolle und durch eine Maschine mit z w e i Rollen. MAKO gelangt zum Schluß, daß alle diese drei von LUDWIG KNAUS auch durch Modelle belegten Anordnungen die Reibungsverluste gegenüber den im Schemnitzer Bergrevier verwendeten Feldgestängen durchaus nicht vermindern, sondern sogar erhöhen würden. MAKO beschließt sein Gutachten über die ihm zur Beurteilung übergebenen Maschinenmodelle, deren Aufbau, da zeichnerische Unterlagen nicht vorliegen, nicht mehr rekonstruierbar ist, mit folgenden Sätzen, die auch den Anschauungen von heute noch vollauf entsprechen:

„Dann durch keine Maschine kann man es dahin bringen, dass mit Beybehaltung der nemlichen Kraft, und der nemlichen Zeit itzt eine kleinere itzt eine grössere Last auf die nemliche Höhe gehoben werde, sondern wenn die Last vermehrt wird, so muss auch nothwendig entweder die Kraft oder die Zeit vermehrt werden, da es allen Mechanikern sehr bekannt ist, dass der Gewinn der Kräfte, immer mit dem Verluste der Zeit, und der Gewinn der Zeit mit dem Verluste der Kräfte verbunden sey. Daher scheint mir auch diese Maschine bey dem Bergbau nicht mit Vortheil angebracht zu seyn".

Mit Erstattung dieses Gutachtens, das dem Kanzler Fürst KAUNITZ am 9. Dezember 1775 übermittelt wurde, war die Hoffnung des LUDWIG KNAUS, seine Erfindungsgedanken in Wien verwerten zu können, gescheitert. Man hatte aber in ihm trotz allem den gewiegten Mechaniker erkannt, der über ein ingenieurmäßig geschultes Denken verfügte. Und solche Männer konnte man in Wien immer wieder gebrauchen. Dies hatte zur Folge, daß die Fäden zwischen den Wiener Stellen und LUDWIG KNAUS, der nicht mehr nach Darmstadt zurückgekehrt war, weitergesponnen wurden und daß dieser, als man seiner bedurfte, doch in die Dienste des Kaiserhauses treten konnte.

Er hatte allerdings, ehe er die erhoffte Anstellung erhielt, eine schwere Zeit durchzustehen. Die Ersparnisse, mit denen LUDWIG KNAUS nach Wien gekommen war, dürften nicht allzu groß gewesen sein; und es mußte doch eine vielköpfige Familie, deren Ernährer ohne Einnahmen war, durch mehrere Jahre von diesen leben.

Im Jahre 1778 wurde endlich auf einen hofkriegsrätlichen Vortrag, „herabgelangt den 13. Februar", durch Allerhöchste Entschließung angeordnet, daß Ludwig Knaus zum Artilleriehauptmann ernannt und bei der Wiener Garnisonsartillerie als „Stuckhauptmann" eingeteilt werden solle. In der später erfolgten ausführlicheren Erledigung, die datiert vom 11. April 1778 dem Hauptzeugamt zuging, heißt es: „Es haben Sr. Mayt. der Kaysser auf bittliche Vorstellung des gewesenen Hessen Darmstädtischen Hofkammer Raths Knaus und den darüber erstatteten Vortrag demselben den Caractere eines k. k. Artillerie Hauptmanns ad Dies Vitae zu verleihen, und ihm zugleich die Versicherung geben zu lassen geruhet, dass, wenn Er zu den ihm bey der Artill. angewiesenen Diensten sich gut und nützlich verwenden, insbesonders aber von ihm die projectierte Stück-Erhebungs Maschine zur vollen Zufriedenheit des Haupt Zeug Amtes zustand gebracht seyn wird, seine allenfalls hinterlassende Wittwe sich der caractermässigen Pension zu erfreuen haben werde".

Aus einem Antrag, der am 6. Januar 1780 der Kaiserin Maria Theresia vorgelegt und von ihr genehmigt wurde, geht ferner hervor, daß Ludwig Knaus damals eben die Wiederherstellung der „großen mechanischen Uhr", der „Kayserlichen Vorstellungsuhr" also, beendet hatte. Er erhielt aus diesem Anlaß „20 Ducaten Remuneration", während zugleich einem ungenannten „Pollierer", der Knaus wohl bei dieser Arbeit geholfen hatte, 79 fl. 20 kr. angewiesen wurden.

In der Folge finden sich im Hofkriegsrat eine Anzahl Protokollvermerke bzw. Akten, die auf die Dienstverwendung des Ludwig Knaus Bezug haben. Es handelt sich um Gutachten über von verschiedenen Parteien eingerichtete Projekte und Erfindungen (Korn-Dörrmaschine, neuartiges Wagenrad, Wagenmodell usw.), die Knaus abzugeben hatte. Er starb in der Dienstleistung in Wien am 27. März 1787.

Der die Verlassenschaft betreffende Akt ist nicht mehr vorhanden. Zu dieser gehörte unter anderem auch die „Ritterspieluhr", die einst sein Vater gebaut und die er selbst später in einen dem Geschmack seiner Zeit entsprechenden, aus Paris beschafften Kasten eingebaut hatte, der nach einem Bericht der „Wiener Zeitung" von 1795 4000 fl. gekostet hatte. Damals war die „Ritterspieluhr" noch im Besitz der Ludwig Knausschen Erben; sie sollte aber eben zugunsten der Gläubiger versteigert werden. Sie ging wohl bei diesem Anlaß in habsburgischen Besitz über und befindet sich noch heute in einem der Schauräume der Wiener Hofburg.

Friedrich von Knaus überlebte seinen Bruder Ludwig noch um zwei Jahre. Von ihm ist zu berichten, daß er trotz der Bloßstellung, die ihm durch den schon erwähnten Artikel in der „Wiener Zeitung" vom 7. Juli 1781 widerfahren war, seine Stellung als Inspektor des Physikalischen Kabinetts des Kaiserhauses auch weiterhin beibehalten konnte. Er durfte auch in der Folge noch einige Male anläßlich hoher Besuche die Apparate dieses Kabinetts vorzeigen, wobei er seine „allesschreibende Wundermaschine" in der stets auch früher geübten Weise einige auf den fürstlichen Gast Bezug nehmende Zeilen schreiben ließ. So berichtet die „Wiener Zeitung" am 19. Dezember 1781 und am 13. April 1782 noch über derartige höfische Szenen.

Dann aber hört man nichts mehr über Friedrich von Knaus. In den Ruhestand

scheint er allerdings niemals getreten zu sein. Denn er wird im Antrag des Oberst-
kammeramtes vom 28. September 1789 an Kaiser Josef II., seiner Witwe eine Pension
zu bewilligen, als „verstorbener", nicht als „jubilierter" — der damalige Ausdruck
für „pensionierter" — k. k. physikalischer Kabinetts-Inspektor bezeichnet. In diesem
Akt wird auch die Besoldung mitgeteilt: Knaus erhielt jährlich 1200 fl., hatte also
ein für die damalige Zeit ansehnliches Einkommen. Trotzdem ließ er, als er am
14. August 1789 in der Wohnung, die er im Hause „Währingergasse 102" innehatte,
starb, seine Witwe und seine einzige Tochter in „gänzlicher Mittellosigkeit" zurück.
Vom obersten Kammeramt wurde der Witwe in der Ratssitzung vom 14. September
1789 „die normalmäßige Pension mit jährlich 333 fl. 20 kr. zugewendet".

Später ist dann — wohl auf Befehl Kaiser Leopold II., der Knaus aus der Zeit
kannte, als seine jungen Söhne an Nagels Unterricht im Physikalischen Kabinett
teilnahmen — die geschenkweise Überlassung einiger der von Friedrich Knaus
angefertigten Apparate an seine Tochter erfolgt. In der Zeit vom April 1791 bis ins
Jahr 1792 hinein erschienen in der „Wiener Zeitung" und im „Wiener Diarium"
wiederholt Ankündigungen, daß Knaus' Tochter diese Stücke zum Verkauf gestellt
habe. Es waren dies: „der nützliche Schreibtisch mit drey Federn zugleich", die
sogenannte „Perpentikelmaschine" und einer der Schreibapparate (II). Während
die anderen Stücke augenscheinlich im Lauf des Jahres 1791 verkauft werden
konnten, wartete der Schreibapparat noch 1792 auf seinen Käufer. Ob er je verkauft
wurde und wohin alle diese Stücke gelangt sind, ist unbekannt.

Unter den Werken der Brüder Knaus ist, trotz der auf deren Herstellung
verwendeten Genialität und mechanischen Kunstfertigkeit, keines von einer die
Jahrhunderte überdauernden Bedeutung. Großes Interesse aber gebührt auch heute
noch dem erhaltenen Schreibapparat Friedrich von Knaus'. Die Stelle, die diesem
Kunstmechaniker in der Geschichte der Schreibmaschine gebührt, hat am besten
Otto Pfeiffer, Erfurt, in seinem Aufsatz „Zur Vorgeschichte der Schreibmaschine",
die im 20. Band (1930) der „Beiträge zur Geschichte der Technik und Industrie"
erschienen ist, mit folgenden Sätzen charakterisiert: „Friedrich von Knaus war
mit dem ganzen Können des erfahrenen Feinmechanikers an die Arbeit gegangen.
Aber er wollte nur ein mechanisches Meisterwerk schaffen. Er dachte nicht daran,
ein Revolutionär auf dem Gebiete des Schreibwesens zu werden. Die Idee, einen
Schreibstift die sonst von der menschlichen Hand ausgeführten Bewegungen mechanisch ausführen zu lassen, ist freilich in der späteren Schreibmaschinentechnik
niemals verfolgt worden. Der Erbauer der ersten Schreibmaschine, Sholes, war
von Beruf Buchdrucker, und ihm mußte der Gedanke viel näher liegen, das fertig
geformte Zeichen durch einen Abdruck nach Art des Buchdrucks auf das Papier
zu bringen. Diese Lösung hat für den Konstrukteur so große Vorteile, daß es auch
keinem der späteren Erfinder lohnend erschien, den von Knaus eingeschlagenen
Weg zu verfolgen. Der Grundsatz: Naturam si sequemur ducem, nunquam aberrabi-
mus gilt nicht immer für die Technik. Statt den natürlichen Vorgang nachzuahmen,
dessen Resultat sie erstrebt, muß sie oft ganz andere Wege beschreiten... Hätte
aber ein Erfinder eine Schreibmaschine bauen wollen, bei der ein mechanisch ge-
führter Schreibstift die Schrift zustande bringt, so hätte ihm Knaus bereits die
wesentlichen Konstruktionsideen geliefert: den Kurvenantrieb des Schreibstiftes

und den Papierführungsmechanismus. Erforderlich gewesen wäre nur, durch eine Taste für jedes zu schreibende Zeichen die zugehörigen Kurvenglieder mit der mechanischen Antriebsvorrichtung in Verbindung zu bringen. Dazu waren kaum mehr Schwierigkeiten zu überwinden, als Knaus bereits überwunden hatte, und sein Können würde wohl auch zur Lösung dieser Aufgabe ausgereicht haben, wenn er die Kühnheit gehabt hätte, seine Problemstellung auf eine wirkliche Schreibmaschine und nicht auf einen Automaten zu richten. Auf alle Fälle enthält die Knaussche Maschine so wesentliche Elemente der Schreibmaschine, daß es gerechtfertigt ist, den Erbauer nicht in die Klasse der Automatenverfertiger zu verweisen, sondern ihn zu den ersten Vorläufern der Schreibmaschinenerfindung zu rechnen.‟

Die Erkenntnisse aber, die der Generation von heute aus dem eben entrollten Kulturbild erwachsen, scheinen sich in folgende Sätze zusammenfassen zu lassen: Das Primat der Politik vor allen anderen Zweigen menschlicher Betätigung, das eines der grundlegenden Axiome der Weltanschauung von heute geworden ist, bestand, wie es nun besteht, auch im Zeitalter des „aufgeklärten Absolutismus". Damals aber diente die Technik den Fürsten. Dies ist der Grund, warum die Werke, die sie in jener Zeit entstehen ließ, trotz aller auf sie verwendeten Genialität, ohne Auswirkung auf die Technik späterer Jahrhunderte geblieben sind. Denn diese Wirkung in die Ferne kann nur entstehen im Dienst für alle, für Volk und Welt.

Quellen und Schrifttum.

Bücher und Fachzeitschriften.

Das gelehrte Österreich, 2. Bd. Wien 1778.

Anonym, Selbstschreibende Wundermaschine auch mehr andere Kunst- und Meisterstücke. Wien 1780. Verfaßt vom Augustiner Barfüßer Pater Marian (siehe Wiener Zeitung vom 7. Juli 1781).

Indicatuer Den Vlaemschen ..... Gent 1781. 5. Bd., S. 177; 7. Bd., S. 292.

Ignaz de Luca, Wiens gegenwärtiger Zustand ..... Wien 1787.

Beobachtungen und Anmerkungen auf Reisen durch Deutschland. Leipzig 1788. S. 315—318.

Nützliches Adreß- und Reisebuch ..... Wien 1792. S. 242—243.

Wiener Schriftsteller- und Künstlerlexikon. Wien 1793.

Constant von Wurzbach, Biographisches Lexikon des Kaiserthums Österreich. Wien 1877—1892.

Henri Martin, Die „allesschreibende" Wundermaschine Friedrich von Knaus'. Dresden, in: „Leipziger Uhrmacherzeitung" vom 15. August 1909.

F. M. Feldhaus, Die Technik der Vorzeit ..... Leipzig u. Berlin 1914. Sp. 583 (Schreibmaschine).

R. Eger, Karlstein, Die Maria Theresia-Uhr in der Wiener Hofburg. „Deutsche Uhrmacherzeitung", Heft 18, 1915.

Alfred Chapuis et Edouard Gélis, Le Monde des Automates. Paris 1928.

Otto Pfeiffer, Erfurt, Zur Vorgeschichte der Schreibmaschine, in: „Beiträge zur Geschichte der Technik und Industrie". 20. Bd., Berlin 1930.

Zeitungen des 18. Jahrhunderts.

Wiener Zeitung, Wiener Diarium, Brünner Zeitung, Preßburger Zeitung.

Aktenbestände.

Schloßmuseum, Darmstadt; Staatsarchiv, Wien; Kriegsarchiv, Wien; Hofkammerarchiv, Wien.

Josef Werndl, der Mann und sein Werk.

Von

Ing. **Viktor Schützenhofer**, Wien.

Mit 9 Abbildungen.

JOSEF WERNDL ist nicht nur der großen Allgemeinheit, sondern vielfach auch technisch Gebildeten bloß als der Erfinder des nach ihm benannten Werndl-Gewehres

Abb. 1. Josef Werndl
1831—1889.

bekannt, während Erfinden ihm doch nur Mittel zum Zweck war, um sein überragendes wirtschaftliches und organisatorisches Talent betätigen zu können. So sollen hier gerade diese Leistungen dieses volksnahen, heimattreuen Sohnes der Eisenstadt Steyr besonders hervorgehoben werden.

WERNDL und sein Werk könnte aber nie richtig verstanden werden, wenn nicht der Boden, der ihn hervorbrachte und befähigte, das ihm von der Vorsehung übertragene Werk zu vollbringen, die Zeit, in der er lebte, und die besonderen Verhältnisse derselben, in den Kreis der Betrachtungen einbezogen werden. So muß vorerst einiges aus der Geschichte der Stadt Steyr berichtet werden:

Das früheste verläßliche Dokument, in dem die zuerst bestandene Burg — die „Stirapurch" — und die schon damals bestehende Burgsiedlung erwähnt wird, stammt aus dem Jahre 985. Vorerst Eigentum der Traungauer Grafen und Herzoge, gehen Burg und der sich darum zwischenzeitig entwickelnde Ort Steyr mit der Steiermark und einem großen Teil des heutigen Oberösterreichs beim Aussterben des Traungauer Geschlechts 1192 an die Babenberger über und werden damit unter Leopold V. österreichischer Besitz.

Schon zur Zeit der Traungauer Herren wird von der Eisenverarbeitungskunst der Steyrer Handarbeiter gesprochen. Schon damals hatten die Steyrer Messerer nicht nur eine Niederlassung in Venedig, sondern sie lieferten ihre Produkte sogar bis in den Orient. In zahlreichen Privilegien des 14. Jahrhunderts wird des Eisenhandels von Steyr Erwähnung getan. Das Aufkommen des Antriebsgeräts der Zeit — des Wasserrads — verursachte das Entstehen zahlreicher Hammerwerke im ganzen Enns- und Steyrtal, so auch in und um Steyr.

Am Zusammenfluß zweier Wasserläufe, die zur Kraftnutzung ausreichendes Gefälle aufweisen, und am Weg des Eisens von der Erzgewinnungsstätte — dem steirischen Erzberg — zu den nördlichen Verbrauchsstätten gelegen, hat die Gegend um Steyr ihre Rolle in der Eisenverarbeitung und Eisenverteilung gleichsam von der Natur zugewiesen erhalten.

1483 nimmt Kaiser Friedrich III. die Teilung der Eisenerzeugnisse des am steirischen Erzberg gewonnenen Eisenerzes auf Leoben und Steyr vor und festigt damit die Stellung Steyrs im Eisenhandel, indem er dieser Stadt alle deutsch sprechenden Länder als Absatzgebiet zuweist.

Die aus dem Jahre 1499 stammende Waldordnung Maximilian I., dem die Stadt Steyr zahlreiche Privilegien verdankt, sichert dem Erzberggebiet den zur Verhüttung des Eisens erforderlichen Brennstoff und damit den Eisenverarbeitern und -verlegern das benötigte Material.

Während ursprünglich jeder in Vordernberg oder Eisenerz ansässige Radmeister, d. i. der Besitzer eines zur Gewinnung des Roheisens erforderlichen Schmelzwerks, das Recht hatte, am Erzberg beliebig Erz zu schürfen, erhoben die Babenberger, als sie in den Besitz des Berges kamen, Anspruch auf das Bergregal und erließen eine Bergordnung, die den bisherigen Radmeistern gegen Entrichtung entsprechender Steuern ein bestimmtes Grubenmaß zusprach.

Abb. 2. Geburtshaus Josef Werndls in Steyr.

1625 entsteht die Innerberger Gewerkschaft, die die drei im Eisengewerbe bestehenden Faktoren: Radmeister, Verleger und Hammerherrn vereinigte, die Rechte Steyrs aber insofern schmälerte, als seine keinen Realanteil bildende Einlage gerade bei schlechtem Geschäftsgang, somit dann, wenn ihre Veräußerung oder Belehnung am nötigsten sein konnte, am schwersten verwertbar war.

Aufblühen und Niedergang des „Bergs" — des Erzbergs — macht Steyr immer und immer wieder mit; es gedeiht und leidet Hunger, es wird arm und wird wieder reich, bis es zur Zeit Kaiser Josef II. die engere Verbindung mit dem Schicksalsberg aufgibt und seinen Anteil an der Innerberger Gewerkschaft an die k. k. priv. Kanal- und Bergbaugesellschaft in Wien verkauft. Die eingerichteten Eisenverarbeitungsbetriebe bestehen aber weiter. Von diesen werden die kleineren mit der Erzeugung von Feuerwaffen sich befassenden Betriebe 1786 vom Militärärar übernommen, das sie zusammenfaßt und einer k. k. Feuergewehr-Fabrik-Lokaldirektion unterstellt.

Zu den selbständig gebliebenen Waffenteilerzeugern tritt 1821 ein neuer hinzu, Leopold Werndl, Josef Werndls Vater, der, einer schon lange in Steyr ansässigen und im Eisengewerbe tätigen Familie entstammend, sich nun von der bis dahin betriebenen Werkzeugerzeugung abwendet, die Waffenschmiedekunst aufnimmt und darin in wenigen Jahren großes Ansehen erlangt. Sein Betrieb war in zwei Häusern der Sierningerstraße untergebracht. Unmittelbar daran grenzte das Wohnhaus der Familie, in dem am 21. Februar 1831 JOSEF WERNDL das Licht der Welt erblickte (Abb. 2).

In das schulpflichtige Alter gekommen, besucht er durch sechs Jahre die Normalschule in Steyr und wird dann nach Wien gebracht, um dort die Büchsenmacherei bei dem damals rühmlichst bekannten Gewehrmacher FRUWIRTH zu erlernen. Dann kehrt er zurück ins väterliche Haus und erlernt auch die Feilenhauerei.

Die hergebrachten Arbeitsmethoden, an denen der Vater unentwegt festhält, der Zwang des Elternhauses überhaupt, erscheinen aber dem ungestümen Jungen untragbar. So begibt er sich auf die Wanderschaft, auf der er bis Prag kommt, kehrt heim, geht neuerlich auf und davon, kommt aber bald wieder ins Vaterhaus zurück. Die Heimat zieht ihn immer wieder an. Manch toller Streich, den er in seinem überschäumenden Jugendmut begeht, macht den Eltern bittere Sorge um den Erstgeborenen, dem ältesten von nun schon 16 Geschwistern.

1849 reißt er wieder aus, läßt sich in Wien freiwillig zum Militär assentieren und wird nach kurzer militärischer Ausbildung in die alte Gewehrfabrik in Währing

Abb. 3. Die Werndlschen Gewerke zu Ober-Letten an der Steyr (1850).

ring — die damalige staatliche Waffenfabrik — kommandiert, wo er den Zusammenbau der Armeegewehre erlernt. Der Vater, gegen dessen Willen der Sohn sich zum Militär gemeldet hat, setzt nun gegen den Willen des Sohnes dessen Kommandierung in den eigenen Betrieb „als für die Gewehrherstellung dort unerläßlich" durch. So kommt JOSEF WERNDL als Zwanzigjähriger wieder einmal in die Heimat; aber nur auf kurze Zeit. Ein Jahr später — 1852 — begibt er sich neuerlich auf die Wanderschaft, die ihn nun bis Thüringen führt, wo er seine Kenntnisse in den dort bestehenden leistungsfähigen Gewehrfabriken erheblich vervollkommnet. 1854 ist er wieder daheim. Das Zusammenarbeiten mit dem Vater will aber nicht gehen. So macht er sich selbständig. Er erwirbt eine Schleife am Wehrgraben in Steyr — die Kettenhuber-Schleife — und führt mit 15 Arbeitern seinen eigenen Polier- und Schleifereibetrieb.

Da greift das Schicksal hart in das Leben seiner Familie ein. Der Vater erkrankt an der damals herrschenden Cholera und erliegt der Seuche am 4. Dezember 1855.

Jetzt zeigt sich JOSEF WERNDLs wahres Wesen. Alle Gegensätze zum Vaterhaus sind vergessen. Im Bewußtsein der Verantwortung, die er von nun an der Familie gegenüber zu tragen hat, setzt er seine ganze Willensstärke zur Hebung des elterlichen Betriebes ein.

Außer dem in Steyr selbst befindlichen Werk hatte der Vater die Wasserkraft „in der Letten" bei Neuzeug an der Steyr (Abb. 3) besessen; er hatte sie 1835 erworben und dort mehrere Reckhämmer und ein kleines Walzwerk aufgestellt. Schmieden und Läutern von Gewehrläufen, Herstellen von stählernen Ladestöcken, von Spitzen und Schuhen für Lanzen, von Ringen, Griffen, Kolbenkappen für Gewehre, von Bajonetten, Faschinmessern und Gewehrrequisiten war das immerhin beträchtliche Erzeugungsprogramm des Vaters gewesen. Alles aber nur Teilerzeugung, deren Grenzen allzueng gezogen waren und damit den Drang des Sohnes nach Großleistung nicht befriedigen konnten.

Mit kühner Energie steuert er darauf los, die bestehenden Anlagen auszubauen, alle Errungenschaften der damaligen Zeit auszunutzen, um den eigenen Betrieb zur Konkurrenz mit der ganzen Welt zu befähigen. Die Waffenlieferanten des eigenen Landes betrachtet er schon längst nicht mehr als ernstliche Konkurrenten.

Die ersten maschinellen Einrichtungen werden durchgeführt, auf deren Zweckmäßigkeit ihn die verlangte Herstellung von Gewehrläufen aus massiven Gußstahlbarren bringt. Und damit beginnt ein neuer Abschnitt in der Geschichte Steyrs, vorbereitet durch Josef Werndls Vater, eingeleitet und aufgebaut durch ihn selbst. Steyr gewinnt den Vorrang über alle der Waffenerzeugung gewidmeten Betriebe des Landes und sichert sich dadurch seine Stellung in der das Kleingewerbe immer mehr ersetzenden Industrie für spätere Zeiten.

1861 faßt Werndl den Beschluß, die den Weltmarkt damals beherrschende englische Gewehrindustrie an Ort und Stelle kennen zu lernen, und der bald darauf ausbrechende Bürgerkrieg in den Vereinigten Staaten im Zusammenhang mit dem von den Agenten der beiden dort kriegführenden Parteien in Erfahrung Gebrachten veranlaßt ihn, nach Nordamerika zu gehen.

Wenn auch die Hoffnungen Werndls auf Erhalt von amerikanischen Waffenlieferungen durch den bald mit der Niederwerfung der Südstaaten beendeten Krieg sich nicht erfüllen, so ist das Ergebnis dieser Reise für die Entwicklung des Werndlschen Betriebs doch von größter Bedeutung. Er gewinnt Einblick in den schon damals auf beachtenswerter Höhe stehenden, durch den plötzlichen großen Bedarf der im Kampf stehenden Armeen und durch den Mangel an geschulten Handarbeitern immer mehr in den Dienst der Waffenerzeugung gestellten Werkzeugmaschinenbau Amerikas und lernt Arbeitsmethoden kennen, die ihm für die Herstellung von Kriegswaffen als die allein richtigen erscheinen. Mit dem bestimmten Entschluß ihrer Einführung in seinem Betrieb kehrt er in die Heimat zurück,

Die Art, wie Werndl sich Eingang in die amerikanischen Fabriken verschafft, verdient besondere Erwähnung. Er kommt nach Ilion in die Remingtonsche Waffenfabrik, stellt sich als Waffenerzeuger vor und ersucht um Bewilligung der Besichtigung der Fabriksanlagen, die ihm als Konkurrenten aber glatt verweigert wird. Kurze Zeit darauf erscheint der Arbeiter Josef Werndl im Arbeiteraufnahmebüro der Remingtonschen Fabrik und bittet um Arbeit, die er erhält. Und sechs Monate später besucht der mittlerweile wieder Waffenfabrikant Gewordene den Direktor des amerikanischen Unternehmens, dem er erklärt, er habe nun doch das gesehen, was er sehen wollte. Einige von Remington erworbene Laufbohrmaschinen sind

Werndls „Gepäck", als er die aufschlußreiche Stätte verläßt, ein wesentlich umfangreicheres „Reisegut", als das seine Bedürfnislosigkeit kennzeichnende sonstige persönliche, das auch bei großen Reisen fast nur aus der unbedingt erforderlichen Nachtwäsche und den nötigen Reinigungsmitteln bestand, die er in einer Aktentasche zu verstauen pflegte.

Unmittelbar nach seiner Rückkehr geht er an die Erweiterung seines Unternehmens und an die Ausgestaltung seines Betriebes im Sinne der in Amerika gemachten Erfahrungen, um damit für jene Leistungen vorbereitet zu sein, die — dessen ist er sicher — bald von dem von ihm geschaffenen Unternehmen verlangt werden müssen.

Das Jahr 1864, in dem Österreich gemeinsam mit Preußen Dänemark bekriegt, zeigt den Kriegsteilnehmern die große Überlegenheit des preußischen Hinterlade-Zündnadelgewehrs gegenüber dem in der österreichischen Armee verwendeten Vorderladegewehr, System Lorenz.

Hinterlader waren bei der österreichischen Armee schon gegen Ende des 18. Jahrhunderts versuchsweise eingeführt. Wie Mannlicher berichtet, handelte es sich um das System Crespi, bei dem das seit Jahrhunderten bei der Konstruktion von Hinterladern bestandene Unvermögen der Schaffung eines gasdichten Abschlusses wohl halbwegs behoben war, wogegen werkstattechnische Schwierigkeiten und preisliche Hindernisse für eine Erzeugung im großen nicht behebbar blieben. Aus gleichen Gründen konnten sich auch Hinterlade-Windbüchsen, die knapp danach für Scharfschützen, ebenfalls versuchsweise, eingeführt wurden, nicht durchsetzen. Den Hinterladern wurde geringe Schußgenauigkeit und Verleitung der Mannschaft zu Munitionsverschwendung vorgeworfen, ein Vorwurf, dem selbst die eindringlichsten Warner aus dem Kreis der österreichischen Teilnehmer am dänischen Feldzug 1864 nicht wirksam entgegen zu arbeiten imstande waren. Wenn es aber auch richtig ist, daß durch die Verzögerung der Erprobung angebotener Hinterladegewehre, Österreich 1866 in den Feldzug gegen Preußen mit einer Handfeuerwaffe ziehen mußte, die derjenigen des damaligen Gegners unterlegen war, so kann von einer Schuld der hierfür verantwortlichen Stellen nicht gesprochen werden, vielmehr nur von einer, auch von der ganzen Welt — außer Preußen, das allein seit 1841 mit Hinterladegewehren bewaffnet war — geteilten Unterschätzung dieser Gewehrbauart.

Erst die Erfahrungen des Jahres 1866 zeigten, daß eine schneller schießende, in jeder Lage brauchbare Waffe, selbst einer präziser, aber langsamer feuernden gegenüber taktisch überlegen bleibt und veranlaßten mit Österreich die Heeresverwaltungen aller Staaten die rascheste Einführung von Hinterladegewehren in die Wege zu leiten.

In Österreich ging man vorerst an den Umbau des bis dahin verwendeten Vorderladegewehres in den Hinterlader, System Wänzl, der bei nicht weniger als 80.000 Stück Gewehren im Werndlschen Unternehmen durchgeführt wurde. Die gleichzeitig gemachten Versuche mit dem amerikanischen Hinterladegewehr, System Remington, das zur erweiterten Erprobung von dem Wiener Gewehrmacher Paget unter Heranziehung des Werndlschen Unternehmens für Gewehrteilelieferungen in 2000 Stücken hergestellt wurde, hatten nun derart günstige Ergebnisse, daß dieses Gewehr im November 1866 bereits von der hierzu berufenen, erst nach dem Feldzug des gleichen Jahres eingesetzten Hinterladerkommission zur Annahme empfohlen wird.

Trotzdem setzt Werndl es in letzter Stunde noch durch, daß das von ihm gemeinsam mit seinem Werkmeister und späteren Direktor Holub in mehrjähriger, zielbewußter Arbeit bereits 1865 geschaffene Hinterladegewehr mit andern zugleich bekanntwerdenden derartigen Gewehrsystemen einer eingehenden Erprobung unterzogen wird.

Die Zweckmäßigkeit, Dauerhaftigkeit und leichte Handhabung des Verschlusses, die einwandfreie Ausführung der gelieferten Probegewehre, deren, das Remingtongewehr übertreffende Feuerschnelligkeit und nicht zuletzt die vergütungsfreie Überlassung des Ausführungsrechts an das Militärärar durch den Privileginhaber Josef Werndl, veranlassen den damaligen Kriegsminister Freiherrn von John, Kaiser Franz Josef I. den Antrag zur definitiven Verwendung des Werndl-Gewehrmodells für alle neu zu erzeugenden Handfeuerwaffen der k. k. Armee zu unterbreiten, welcher Antrag am 28. Juli 1867 die kaiserliche Sanktion erhält. Die Aufgabe der Hinterladerkommission wird als erfüllt erklärt und diese Kommission aufgelöst.

Damit ist für Werndl alles gewonnen. Binnen kürzester Frist erhält er von der österreichischen Heeresverwaltung den Auftrag auf Lieferung von vorerst 100.000 und dann von weiteren 150.000 Gewehren seines Systems.

Der Gesamtauftrag wird ihm gegeben, da sein Unternehmen in Österreich das einzige ist, dessen Einrichtungen und Organisation die einwandfreie und zeitgerechte Durchführung erwarten lassen kann. In klarer Voraussicht kommender Entwicklung und in richtiger Erkenntnis der dafür zu treffenden Vorkehrungen hat Werndl unmittelbar nach der Übernahme des väterlichen Werkes — also schon 1855 — mit der maschinellen Ausrüstung desselben begonnen, diese zielbewußt unter ständiger Vergrößerung der Anlagen fortgesetzt, sich mit der Lösung des seinen Betrieb berührenden Problems der Zeit — dem Hinterladegewehr — frühzeitig befaßt und so die Voraussetzung geschaffen zur Verwirklichung der sich gesteckten Ziele „Der Heimat Arbeit und neues Ansehen zu geben und seinen Betrieb zum Großunternehmen zu machen".

Die bei den österreichischen Waffenerzeugern zu jener Zeit herrschenden Betriebsverhältnisse gehen am klarsten aus einer Stelle der 1870 vom damaligen Artilleriestabshauptmann Alfred Kropatschek herausgegebenen Veröffentlichung über das Werndlgewehr hervor, die wörtlich wiedergegeben wird:

„Die Erzeugung einer großen Zahl von Waffen durch Handarbeit würde den deutlichen Beweis eines gänzlichen Verkennens der Fortschritte im Maschinenwesen ergeben und müßte Nachteile bezüglich der Güte, der Schnelligkeit und Billigkeit der Erzeugung zur unmittelbaren Folge haben.

Herr Werndl, welchem die Anfertigung von 250.000 Infanterie- und Jägergewehren nach dem von ihm erfundenen Verschlußsystem übertragen wurde, hat daher im Sinne des von der Regierung aufgestellten Kontrakts, sowie in richtiger Würdigung und Erkenntnis der maßgebenden Verhältnisse die maschinmäßige Erzeugung aller Gewehrbestandteile bis in das kleinste Detail als unbedingt notwendig erachtet und nur die Zusammensetzung der Teile durch Handarbeit supponiert.

Nur durch das Festhalten an diesem Prinzip ist es möglich, eine Anzahl Gewehre in einer verhältnismäßig kurzen Zeit in jener Weise zu beschaffen, in welcher sie der Gewehrtechnik der Gegenwart entsprechend erzeugt werden sollen.

Der in der Industrie sonst allgemein richtige Grundsatz: Teilung der Arbeit, würde also durch die Übertragung der Lieferung der Gewehre eines und desselben Modells an mehrere Fabrikanten eine Anwendung zum Nachteil der ökonomischen Interessen des Staates gefunden haben, vorausgesetzt, daß dieselben im Inland überhaupt hätte durchgeführt werden können.

In Österreich haben nämlich, außer der Firma Werndl und, in neuester Zeit, auch Fruwirth und Paget, alle Gewehrfabrikanten bloß die Handarbeit gepflegt und verfügen daher nicht über diejenigen Werkstätten mit den nötigen Hilfsmitteln, um einen maschinenmäßigen Betrieb der Gewehrerzeugung durchführen zu können. Wenn daher das Ärar vom Ausland, vielfacher wichtiger Gründe wegen, unabhängig sein wollte, so mußten die großartigen Etablissements zu Steyr für die Gewehrerzeugung benutzt und die ganze Lieferung dem Herrn Werndl übertragen werden."

Diese rückhaltlose Anerkennung von Seite eines so hervorragenden Fachmannes der Waffentechnik, wie Kropatschek, verdient besondere Beachtung. Daß aber auch die Allgemeinheit sich mit der Werndl überschriebenen Gewehrlieferung befaßte, zeigen unter anderm auch Karrikaturen aus der Zeit, die auf diese Bezug haben. Während in diesen zunächst noch Zweifel an der rechtzeitigen Durchführung des Auftrags zum Ausdruck kommen, beweist die hier abgebildete, wie rasch Werndl die Volksstimmung für sich gewinnen konnte (Abb. 4).

Abb. 4. Karikatur Werndls aus dem „Kikeriki" (1879).

Aber nicht nur Organisationstalent und hervorragende technische Fähigkeiten, sondern auch besondere kaufmännische Klugheit verhelfen Werndl den einmal eingeschlagenen Weg nach aufwärts unbehindert fortsetzen zu können.

Die Angebote Werndls geben Zeugnis davon: Die große Geste, des — wie schon früher erwähnt — zur Verfügung gestellten freien Ausführungsrechts für sein Gewehrsystem hat Werndl wohl vollführt, um die Annahme seines Gewehrsytems durchzusetzen, aber auch nur darum vollführt, weil er sich der Ungefährlichkeit derselben bei der praktischen Konkurrenzlosigkeit seines Unternehmens bewußt ist. Eine Währungsverfallsklausel nimmt er offensichtlich nur darum auf, um mit ihr eine, keine Preisminderung beinhaltende Konzession machen zu können, die er wieder um so leichter machen kann, als die sich ständig bessernden politischen Verhältnisse ein Nachgeben in diesem Punkt unbedenklich erscheinen lassen. Die Kosten der zur Ermöglichung neuer Großlieferungen erforderlichen Investitionen deckt er durch ausbedungene Vorauszahlungen, zu deren Sicherstellung er — der Erfüllung übernommener Verpflichtungen gewiß — seine ganze bewegliche und unbewegliche Habe dem Auftraggeber als Pfand anbietet. Und gerade diese Bedingungen, die bei ihrer Annahme den Wert des Pfandes noch erhöhen, werden von dem zuständigen Referenten auch verständnisvoll „als für die Vergebung an Werndl sprechend" hervorgehoben. Trotzdem sind seine Preise zumeist die niedrigsten. Den Verdienst, den er braucht, muß ja der Umfang der Lieferung bringen. Und er will auch nicht nur verdienen, er bleibt auch stets besorgt für das Wohl jener, die ihm helfen, seine weit gesteckten Ziele zu erreichen. Diese Ziele gehen aber nun schon weit über Österreich hinaus.

Der erste bereits gemachte Versuch, vom Ausland Aufträge zu erhalten, wurde durch die schon früher erwähnte rasche Beendigung des amerikanischen Bürgerkriegs zunichte, trug ihm

Abb. 5. „Objekte" der Werndlschen Waffenfabrik.

aber — wie gleichfalls schon festgestellt wurde — weit mehr ein, nämlich die Eignung seines Unternehmens für Großlieferungen, wie sie zu dieser Zeit keine andere Hand-Feuerwaffenfabrik Europas besaß.

Und diese maschinelle Rüstung, der sein Organisationstalent die zweckmäßige Verwendung zu geben wußte, konnte er durch einen Arbeiterstab ergänzen, dem die für sein Gewerbe erforderliche Genauigkeit seit Jahrhunderten, als vom Vater auf den Sohn vererbt, zur Selbstverständlichkeit geworden war.

So ist Werndl — noch 1867 — imstande, neben der großen Bestellung des österreichischen Militärärars von der französischen Kriegsverwaltung einen namhaften Auftrag auf Gewehrteilelieferungen für das in Frankreich unter dem Eindruck der Schlacht von Königgrätz zur Annahme gelangte Chassepotgewehr — einem Hinterlader mit Kolbenverschluß — zu erhalten und sich von der bayrischen, serbischen, schweizerischen und griechischen Verwaltung Bestellungen auf Umgestaltungsteile für ihre Vorderladegewehre in das österreichische Hinterladegewehr, System Wänzl, zu sichern.

Das Werndlsche Unternehmen hat damit Waffen österreichischer Erfindung den Weg ins Ausland gebahnt.

Der Ausbau der Fabrik geht weiter. — Das Unternehmen, das zur Zeit des Ablebens des Vaters Josef Werndls nur aus dem Lettener Werk sowie dem in zwei

Häusern untergebrachten Steyrer Betrieb bestand und 450 Arbeiter beschäftigte, ist nun auf neun große Objekte in Steyr und Letten angewachsen (Abb. 5), beschäftigt schon 4000 Arbeiter und kann bereits 5000 Gewehre wöchentlich erzeugen.

Die erforderlichen Investitionen erreichen aber schließlich ein Ausmaß, dem die eigenen Mittel allein nicht mehr Stand halten können. So wird das Unternehmen, nachdem es 1867, nach dem Hinscheiden der Mutter Werndls, eine offene Handelsgesellschaft unter der Firma F. J. Werndl & Co. geworden war — der als Gesellschafter die Brüder Josef, Ludwig und Franz Werndl angehörten — im Jahre 1869 in eine Aktiengesellschaft umgewandelt. Die Aktiengesellschaft erhält den Titel „Österreichische Waffenfabriks Gesellschaft" und das Recht, Aktien im Betrag von 6,000.000 fl. auszugeben, von denen jedoch nur 40% tatsächlich eingezahlt werden. Die Leitung der Gesellschaft übernimmt Josef Werndl als Generaldirektor.

Dem Wunsche Ungarns, eine Waffenfabrik im eigenen Land zu besitzen, wird seitens der Österreichischen Waffenfabriks Gesellschaft durch Errichtung einer großen Zweigfabrik in Budapest entsprochen,

Im Jahre 1873 gelingt es Werndl, die Aufmerksamkeit der königlich preußischen Kriegsverwaltung auf die Leistungsfähigkeit des von ihm geleiteten Unternehmens zu lenken und durch Probelieferungen den Beweis der Güte der Erzeugnisse desselben zu erbringen. Und damit setzt er es durch, daß der Gegner von 1866, dessen Handfeuerwaffen zu dieser Zeit den österreichischen so sehr überlegen waren, bei der Österreichischen Waffenfabriks Gesellschaft nicht nur Teile des im deutschen Heer zur Einführung gebrachten Mausergewehrs — eines Kolbenverschluß-Einladers —, sondern auch ganze Gewehre in einem, die bisher erhaltenen Einzelaufträge weit übersteigenden Ausmaß ihm überträgt. Binnen $2^1/_2$ Jahren liefert die Österreichische Waffenfabriks Gesellschaft mehr als eine halbe Million Handfeuerwaffen an Preußen und befriedigt daneben den — insbesondere durch die Einführung eines geänderten Modells des Werndl-Gewehrs, dem Muster 1873 — bestehenden großen Bedarf der Militärverwaltung des eigenen Landes in der klaglosesten Weise.

Die Arbeiterzahl des Unternehmens ist inzwischen auf 5500, die Wochenleistung an Gewehren auf 8000 gestiegen. — Der glänzende Ruf des Unternehmens dringt immer weiter.

Neben österreichischen Aufträgen auf die nun schon versuchsweise bei der Gendarmerie zur Einführung kommenden Repetiergewehre, System Fruwirth und dann Kropatschek, wird die Österreichische Waffenfabrik auch wieder Lieferantin der französischen Kriegsverwaltung für die Umwandlung der bisnun von derselben verwendeten Chassepotgewehre in das zur Einführung beschlossene System Gras und dann derjenigen Griechenlands und Rumäniens. Dessen Heeresverwaltung widerruft sogar, als sie die Unzuverlässigkeit der Erstersteherin erkennt, den dieser bereits erteilten Auftrag auf Lieferung von 130.000 Gewehren System Henry Martini und überträgt diesen — auf Grund ausgezeichneter Probelieferungen — an das österreichische Unternehmen. Die Art, wie dieses den Auftrag durchführt, ganz besonders aber auch die einwandfreie Austauschbarkeit aller gelieferten Einzelteile gleicher Bestimmung, veranlassen den Besteller zu Ergänzungsaufträgen.

In der Reihe der Auslandslieferungen folgt nun neuerlich ein Auftrag Frankreichs, das das von der Österreichischen Waffenfabrik vorgelegte Repetiergewehr, System Kropatschek mit Gradverschluß, angenommen hat; dann solche von Griechenland, Montenegro, Persien, Chile und China. Die Österreichische Waffenfabriks Gesellschaft ist damit auch Überseelieferantin geworden; sie hat sich Weltgeltung errungen.

Das Bestreben, die Handfeuerwaffen ballistisch wirksamer zu gestalten und damit auf nahe Distanzen möglichst vollkommen bestrichene Räume und auf Distanzen bis 1800 m eine ausreichende Durchschlagkraft zu erhalten, führt 1877 in Österreich-Ungarn zur Verwendung einer größeren Pulverladung als bisher, was, abgesehen von der hierfür erforderlichen neuen Patrone, Änderungen am Lauf, Laderaum und Aufsatz des bisherigen Modells erforderlich macht und damit Steyr auch Arbeit für das eigene Land bringt.

Anfangs der Achtzigerjahre ergeben sich vorübergehende Stockungen in den Waffenlieferungsaufträgen. Werndl weiß diese durch Ausdehnung seines Betriebsprogramms auf Jagdwaffen und auf die Herstellung elektrischer Maschinen und elektrischer Lampen abzuwehren, und die Zeit zur Vorbereitung auf die nach seiner Überzeugung binnen kurzem kommende Ausrüstung der Heere aller Länder mit Repetiergewehren auszunützen.

Der Wunsch, die bisherigen Einladegewehre durch Adaptierung — Anbringung eines mit dem Gewehr fest verbundenen Magazins oder aber durch Verwendung abnehmbarer Magazinskasten — in Mehrladegewehre umzubauen, führt zu zahlreichen Versuchsbauarten, von denen viele in Österreich und Steyr selbst entstanden sind; keine von diesen kann aber vorerst vollauf befriedigen.

Endlich gelingt es aber dem aus Mainz nach Wien gekommenen Ferdinand Mannlicher, Oberingenieur der Kaiser Ferdinands-Nordbahn, der sich in seinen Musestunden vielfach gemeinsam mit den Fachleuten der Waffenfabrik mit der — nach seiner Überzeugung nur durch Schaffung eines neuen Gewehrmodells herbeizuführenden — Lösung dieses Problems befaßt, 1886 zu einem militärisch und erzeugungstechnisch befriedigenden Ergebnis zu kommen: Es entsteht das nach Mannlicher benannte Baumuster eines Mehrladegewehrs, das dem Erfinder, seinem Mitarbeiter Josef Schönauer der ausführenden österreichischen Waffenfabrik und dem Heimatland dieser Bauart nicht nur Ruhm und Ansehen, sondern auch erheblichen Gewinn bringt.

Die Herstellung der ersten 5000 Mannlicher Repetiergewehre wird nach eingehender Erprobung der Neukonstruktion von Kaiser Franz Josef am 21. März 1885 genehmigt.

Die nun folgenden großen Bestellungen, bei denen die in weiterer praktischer Erprobung gemachten Erfahrungen verwertet wurden, geben der Waffenfabrik reichlichste Beschäftigung, stellen aber auch erhebliche Anforderungen an sie, da sie die weitere Vergrößerung des Unternehmens, die Anschaffung von rund 800 Spezialmaschinen und die Aufstellung neuer Kraftmaschinen erforderlich machen. Trotz erheblicher Vergrößerung der Arbeiterzahl, die nun auf 9000 gestiegen ist, kann die Wochenleistung von 8000 Gewehren, der erheblichen Mehrarbeit wegen, die die neuen Gewehre verursachen, vorerst

4*

nicht überschritten werden. Aber bereits 1889 reicht die Arbeiterzahl nahe an 10.000 heran, schnellt die Wochenleistung an Gewehren auf 13.000 hinauf.

Und inmitten dieses Strebens nach Mehrleistung, das nur ein Vorwärts, nie aber Stillstand oder gar Rückschritt kennt, ereilt JOSEF WERNDL nach kaum viertägigem Krankenlager am 29. April 1889 der Tod, und am 1. Mai wird das, was sterblich an ihm ist, unter großem Gepränge und im Beisein von Tausenden, die ihn nicht nur aufrichtig betrauern, sondern auch viel mit ihm verloren haben, der heimatlichen Erde wiedergegeben.

Bevor über die Weiterentwicklung des von WERNDL geschaffenen Unternehmens gesprochen wird, soll kurz das Wesen der Handfeuerwaffen erläutert werden, deren Entwicklung die Voraussetzung für den Aufstieg WERNDLS war.

Das seit 1854 in Österreich verwendete Vorderladegewehr, System LORENZ, dessen Besonderheit die Kompressionsführung des Geschosses war, hatte ein Perkussionsschloß und Kapselzündung. Das Kaliber des Laufes, in dem vier rechtwinkeligen Querschnitt aufweisende Züge angeordnet waren, betrug 13,9 mm. Die Felder der Züge verflachten sich gegen das Patronenlager zu in einem etwas verbreiteten Raum. Die Patrone bestand aus einer Papierhülse mit der Pulverladung und dem Geschoß, das an seinem Führungsteil mit zwei tiefen Kanellierungen versehen war. Die Kompressionsführung des Geschosses wurde sowohl durch das Ansetzen mit dem Ladestock, als auch durch die Wirkung der Pulverladung beim Schuß, die ein Stauchen des Geschosses bewirkten, herbeigeführt.

Der LORENZsche Vorderlader hatte große Schußpräzision, ermöglichte aber, wie alle Vorderlader, nur eine geringe Feuerschnelligkeit und erforderte ein Laden des Gewehres in senkrechter Lage durch den stehenden Schützen. Diese Mängel konnten nur durch die Hinterladung behoben werden. Auf den Gedanken der Möglichkeit einer solchen war man schon Mitte des 16. Jahrhunderts gekommen, als die bis dahin verwendeten bronzenen, gebohrten Läufe verlassen, und auf eiserne, geschmiedete übergegangen wurde. Diese stellte man durch Rollen oder durch Biegen über einen Dorn her und erhielt damit zwei offene Enden, von denen das bei Vorderladung zu schließende hintere Ende, vorerst mit einem im glühenden Zustand eingetriebenen Keil und später durch die sogenannte Schwanzschraube verschlossen wurde. Alle Versuche für die einfachere Hinterladung geeignete Gewehre herzustellen, scheiterten aber immer und immer wieder an dem Unvermögen der Herbeiführung eines gasdichten Abschlusses. Erst gegen Ende des 18. Jahrhunderts, als die Arbeitsmethoden der Waffenerzeuger vervollkommnet wurden, gelang es, eine immerhin verwendbare Konstruktion zu schaffen.

Eine derartige war das 1778 bis 1793 versuchsweise an einzelne Truppengattungen ausgegebene Hinterladegewehr, System CRESPI, bei dem der Lauf hinten schief abgeschnitten und der abgeschnittene Teil am Hinterende des Laufes dann wieder aufklappbar befestigt wurde. Die Fixierung erfolgte durch einen drehbaren Querriegel mit Gegenwaage.

Der erste, tatsächlich zur Einführung gekommene Hinterlader war das 1838 von DREYSE erfundene sogenannte preußische Zündnadelgewehr (Abb. 6). Seine Ausgabe an das preußische Heer erfolgte 1848. Daß gerade dieses Gewehr den Anstoß zu dem allgemeinen Übergang auf die Hinterladung gab, macht eine kurze Beschreibung desselben nötig:

Der Lauf hatte ursprünglich ein Kaliber von 15,43 mm und vier Züge. An das hintere Ende des Laufes ist das Verschlußgehäuse angeschraubt. Der Verschluß selbst wird von drei übereinanderliegenden Hohlzylindern, und zwar der Kammer (die den eigentlichen Verschlußkolben bildet), der Hülse und dem Schlößchen gebildet. Durch Drehen des Kammerknopfes von rechts nach links wird eine Sperre freigegeben, so daß der Verschluß zurückgezogen werden kann, wodurch das hintere Laufende geöffnet wird. Nach Einlegen der Patrone und nach Einführen derselben in ihr Lager ist die Kammer nach vorne zu bewegen und der Verschluß durch Drehen des Kammerknopfes von links nach rechts zu schließen. Durch Verschieben des

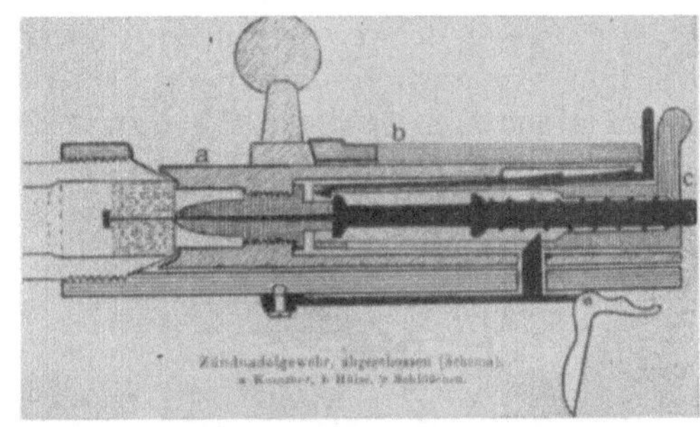

Abb. 6. Preußisches Zündnadelgewehr.

Schlößchens wird die Schlagfeder zusammengedrückt, die nach Abziehen des Züngels den Nadelbolzen mit der Zündnadel nach vorne schleudert, so daß diese die Zündpille durchsticht und dadurch die Zündung herbeiführt.

Es wurde nach dem Feldzug 1866 vorerst versucht, den von den Heeresverwaltungen aller Staaten schließlich als unumgänglich befundenen Übergang der Vorderladung zur Hinterladung durch Umwandlung der vorhandenen Vorderladegewehre in Hinterladegewehre zu bewerkstelligen. Dies geschah durch Einbau von entweder in der Laufrichtung oder rechtwinklig zu ihr, am rückwärtigen Laufende beweglich angeordneten Klappen- oder Blockverschlüssen unter Beibehaltung der vorhandenen Perkussionszündung.

Der österreichische Lorenz-Vorderlader erfuhr noch vor Ende 1866 seine erste Umgestaltung in das Hinterlade-

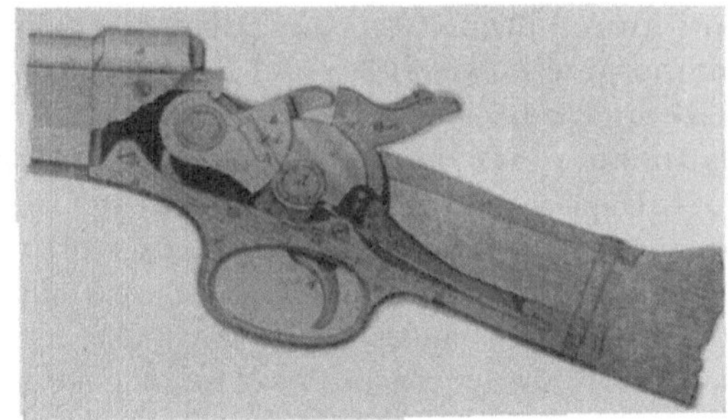

Abb. 7. Remingtongewehr.

gewehr, System Wänzl. Der dabei verwendete Verschluß ist ein nach aufwärts um zwei Scharnierbänder drehbarer Klappenverschluß, der durch Anordnung eines herzförmigen Ansatzes an einem der beiden Scharnierbänder und einer Feder im Verschlußgehäuse in der geöffneten oder in der geschlossenen Lage festgehalten wird. Der Zündstift greift durch das Verschlußstück. Als Abfeuervorrichtung dient ein gewöhnliches Hahnschloß. Die Nuß des Schlosses steht mit einem Sperrstift in Verbindung, welcher beim Abfeuern mit der Vorwärtsbewegung des Hammers in eine an der Rückseite des Verschlußstücks angeordnete Bohrung eingreift und dadurch die Verriegelung des Verschlusses herbeiführt. Zur Verwendung gelangte ein zwischenzeitig eingeführtes Metallgeschoß mit Randzündung.

Gleichfalls noch vor Ende 1866 folgte in Österreich das Intermezzo der versuchsweisen Verwendung des Remingtongewehrs (Abb. 7), dessen einfache Bauart und Handhabung den raschen Entschluß zur Annahmeempfehlung herbeiführte. Der Remington-Gewehrverschluß besteht aus dem über den Lauf geschraubten Verschlußgehäuse und aus der Verschlußklappe. Bei geschlossenem Verschluß bildet die Klappe mit ihrer vorderen ebenen Fläche den Boden des Laufes und stützt sich mit der rückwärtigen kreisförmigen Fläche auf den Hammerkörper. In einer Aushöhlung der Klappe ist der Zündstift derart angeordnet, daß er nur eine ganz geringe Vor- und Rückwärtsbewegung machen kann. Die Betätigung des Gewehrs erfolgt durch Spannen des Hammers in die zweite Rast, Zurückdrehen der Klappe, Einführen der Patrone und Wiederschließen der Klappe. Durch das Abziehen des Züngels wird dann das Aufschlagen des Hammers auf die rückwärtige Klappenfläche und damit das schlagartige Eindrücken des Zündstifts in die Wulst der Randzündungspatrone, somit deren Explosion bewirkt. Ein Sperrstift

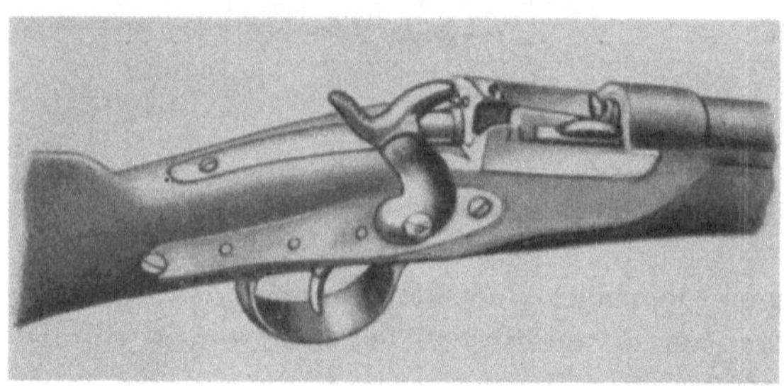

Abb. 8. Werndlgewehr.

sichert den Verschluß in der geschlossenen Lage. Beim Wiederöffnen des Verschlusses wird durch den mittels eines Mitnehmers nach rückwärts gezogenen Patronenzieher die ausgeschossene Hülse aus dem Patronenlager herausgeschleudert. Die einfache, unbedingt einnehmende Bauart dieses Verschlusses geht schon aus der Tatsache hervor, daß er aus nur 26 Einzelteilen gegenüber 39 Einzelteilen des Wänzlverschlusses besteht.

Bei dem 1867 zur Einführung gekommenen Werndlgewehr (Abb. 8), finden wir erstmalig eine Verminderung des Kalibers auf 11 mm. Die Zahl der rechteckigen Züge beträgt 6. Der Verschluß ist ein Wellenverschluß mit zylinderförmigem, eine muldenartige Ausnehmung besitzenden massivem Verschlußstück, dessen Achse unterhalb des Laufes im Verschlußgehäuse gelagert und mit einer klappenförmigen Handhabe bewegbar ist. Bei Bewegung des Verschlußstücks nach rechts tritt der Ladeausschnitt vor die Lauföffnung, hierbei macht das Verschlußstück eine geringe Bewegung in der Richtung seiner Achse nach rückwärts. Beim Bewegen des geöffneten Verschlusses nach links, also beim Schließen desselben, macht er eine Vorwärtsbewegung, wodurch das Verschlußstück an das Laufende gepreßt und die Einführung der Patrone eingeleitet wird. Diese Vor- und Rückwärtsbewegung wird durch eine schraubenartige Ausbildung der rückwärtigen Wand des Verschlußstücks und der vorderen Wand der Stoßplatte erreicht. Dadurch, daß die Verschlußachse am hinteren Ende einen Dreikant angeordnet hat, der sich gegen eine Verschlußstückfeder legt, wird der Verschluß jeweils in seinen beiden Aktionslagen festgehalten. Der Zündstift geht schräg durch das Verschlußstück und steht bei geschlossenem Verschluß vor einer

Ausnehmung der Stoßplatte, um den freien Durchgang des Hammerschnabels des Perkussionsschlosses zu gestatten. Zur Verwendung gelangte eine Metallpatrone mit zentraler Zündung. Beim nächsten Modell (1873/77) wurde, den gemachten Erfahrungen entsprechend, das Verschlußstück verlängert und für seine Bewegung eine fixe Achse angeordnet; auch wurden an der Sperre des Verschlusses zweckmäßige Änderungen vorgenommen.

Der durch die immer dringlicher gestellte Forderung nach erhöhter Feuerschnelligkeit notwendig gewordene Übergang vom Einladegewehr zum Mehrlade- oder Repetiergewehr wurde in Österreich anfangs der achtziger Jahre durch versuchsweise Verwendung verschiedener derartiger Gewehrbauarten, unter denen die österreichischen Systeme Fruwirth und Kropatschek, die Drehkolbenverschluß und Vorderschaftsmagazin hatten, eingeleitet. Das Magazin bestand bei beiden Gewehren aus einem unter dem Lauf angeordneten Rohr, aus dem die Patronen mit einem löffelartigen Zubringer in den Laderaum gebracht wurden.

Die schließlich 1885 unter den vielen erprobten Gewehrbauarten als die zweckmäßigste befundene, war die Ferdinand Mannlichers (Abb. 9),

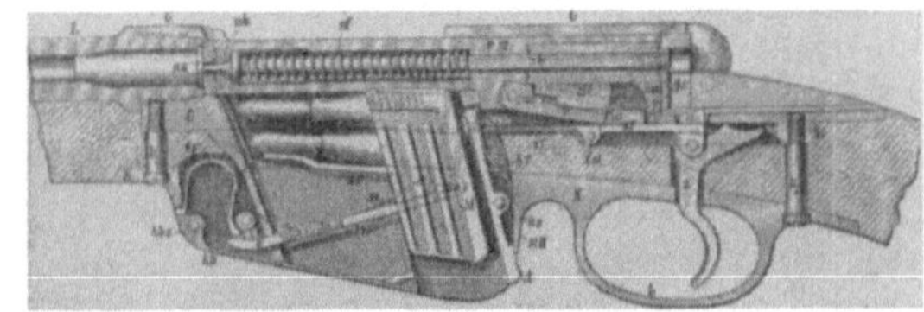

Abb. 9. Mannlichergewehr.

der die schon 1879 patentierte Idee des Amerikaners Lee „Einladegewehre durch Anhängen eines Magazins an den durchbrochenen Boden des Verschlußgehäuses in Repetiergewehre umzugestalten" in überaus geistreicher Weise weiterbildete. Als Mängel des Leegewehrs wurden die Möglichkeit einer unbeabsichtigten Lostrennung des Magazins sowie dessen verhältnismäßig großes Gewicht empfunden, das die Ausrüstung des Soldaten mit zahlreichen Magazinen erschwert.

An Stelle des anhängbaren Magazins ordnet Mannlicher ein im Mittelschaft fest angebrachtes Magazingehäuse an, in dem die Repetiervorrichtung, bestehend aus dem Zubringer und aus der Zubringerfeder, gelagert ist. Je fünf Patronen werden durch eine nur 19 Gramm — gegenüber 90 Gramm beim Leemagazin — wiegende Stahlblechspange zusammengehalten, die aus einer Rückwand und zwei nach innen federnden Seitenwänden gebildet wird. Die Seitenwände sind oben und unten durch nach innen gebogene Ränder so weit geschlossen, daß ein Herausfallen der Patronen unmöglich ist. Diese die Ausrüstung des Soldaten mit zahlreichen ladebereite Patronenpaketen ermöglichende Magazinkonstruktion lenkte die Repetierfrage in völlig neue Bahnen und machte das den Namen Mannlichers tragende Repetiergewehr weltbekannt. Der angewendete Verschluß ist ein Geradzugkolbenverschluß, bestehend aus dem Verschlußgehäuse samt Abzug und aus dem Verschlußkolben. Die Verriegelung wird unmittelbar durch den Kopf des Verschlußstücks bewerkstelligt. Zur Sicherung des geladenen Gewehrs ist eine Sperre für Schloß und Verschluß vorgesehen.

Neben diesen mechanischen Verbesserungen vollzog sich, auch gefördert durch die Einführung des kurz vorher erfundenen rauchlosen Pulvers, ein bedeutsamer ballistischer Fortschritt. Er ist gekennzeichnet durch die Verringerung des Laufkalibers, das in Österreich allmählich von rund 14 mm früher auf 8 mm und in anderen Ländern bis auf 6,5 mm herunterging, sowie durch eine Verringerung des Geschoßgewichts unter gleichzeitiger Erhöhung der Geschoßquerschnittbelastung und Steigerung der Anfangsgeschwindigkeit des Geschosses. Eine Grenze dieser Werte nach oben ist durch den Gewehrrückstoß gegeben, der dem Gewicht des Gewehrs umgekehrt proportional ist.

In all diesen Belangen vermochte MANNLICHER und die ausführende Waffenfabrik „Steyr" erhebliche Fortschritte zu erzielen und auch das ohnehin verhältnismäßig geringe Gewicht ihres Repetiergewehrs von 4,45 kg auf 3,65 kg herabzudrücken.

In den dem Ableben WERNDLS unmittelbar folgenden Jahren war die Waffenfabrik — als Ergebnis seiner letzten Arbeiten — nicht nur mit Aufträgen auf Repetiergewehre aus dem eigenen Land, sondern aus der ganzen Welt — darunter aus dem Deutschen Reich, aus Frankreich, Griechenland, Rumänien, Chile und Argentinien — reichlichst beschäftigt.

In den Jahren 1895 bis 1910 wurde das Waffenerzeugungsprogramm durch Faustfeuerwaffen und Maschinengewehre ergänzt und neue Fabrikationszweige, wie die Erzeugung von Fahrrädern, Setzmaschinen und Gießereiprodukten, aufgenommen.

Die Jahre 1911 bis 1914 standen vornehmlich im Zeichen überseeischer Waffenlieferungen, die die geldlichen Mittel des Unternehmens erheblich stärkten und es in die Lage versetzten, an einen Neubau der Fabrikanlagen zu schreiten. Diese bestanden damals noch aus 17 allmählich gewordenen und vielfach weit auseinanderliegenden „Objekten", weshalb eine Zusammenfassung des Betriebes und eine direkte Verbindung der Werksanlagen mit der mittlerweile entstandenen Eisenbahnlinie geboten erschien. Die verbaute Grundfläche der neuen Fabrikanlage sollte 115.000 qm umfassen.

In dem nun einsetzenden Weltkrieg zeigte es sich, welch großen Dienst die Schöpfung WERNDLS Österreich und den mit ihm verbündeten Mächten zu leisten imstande war. Der ziemlich weit vorgeschrittene Neubau wurde nicht nur mit größter Beschleunigung fortgesetzt, sondern es wurden auch die zur Stillegung bestimmten alten Betriebe weiter beschäftigt und damit die Leistungsfähigkeit des nun ganz in den Waffenversorgungsdienst der Zentralmächte gestellten Unternehmens ungeheuer gesteigert. Die Arbeiterzahl mußte auf 15.000 erhöht werden, die wöchentliche Erzeugung an Gewehren stieg auf 20.000, die der Faustfeuerwaffen und Maschinengewehre zusammengenommen auf 1800 an.

Schon im Jahre 1916, also noch während des Krieges, wurden — ganz im Geist WERNDLS — für die nach Beendigung des Völkerringens unter allen Umständen notwendige Umstellung des Unternehmens auch auf Friedensbedarf für die Aufnahme des Automobilbaues und eines mit allen modernen Mitteln ausgestatteten Gießereibetriebes Vorarbeiten durchgeführt. Die ersten Versuchsautomobile wurden auch schon vor dem Ende des Weltkriegs herausgebracht.

Mit dem Friedensvertrag kam das Verbot der Herstellung von Kriegswaffen, mit dem sich die Sieger eines ihrer schärfsten Konkurrenten auf dem Gebiet der Handfeuerwaffenerzeugung entledigten. Die Raschheit, mit der die dadurch erforderlichen Umstellungsmaßnahmen getroffen wurden, gibt Zeugnis für den in diesem Unternehmen herrschenden Geist: der Bau von Automobilen wurde sofort aufgenommen und 1920 die neue Gießerei in Vollbetrieb gesetzt. Später wurde auch die Herstellung der großen Preßteile für Automobile in Selbsterzeugung genommen und eine Kugellagerabteilung eingerichtet.

Tabelle 1. Österreichische Waffenfabriks-A.-G. Steyr.
Waffenlieferungen von 1867 bis 1922.

Staaten	Gewehre	Pistolen	Maschinen-gewehre	Summe
1. Österreich	6 022 094	281 961	41 541	6 345 596
2. Deutschland	891 400	16 000	1	907 401
3. Frankreich	25 000	—	3	25 003
4. Holland	165 450	—	641	166 091
5. Balkan	1 208 193	39 000	2 473	1 249 666
6. Norwegen	33 500	—	—	33 500
7. Persien	34 012	—	—	34 012
8. China	60 000	—	31	60 031
9. Südamerika	189 520	11 110	12	200 642
10. Diverse Staaten	436 390	170 405	5 037	611 832
Summe	9 065 559	518 476	49 739	9 633 774

So gelang es allerdings in einer — auch von der ganzen übrigen Welt geteilten — Überschätzung der Dauer des durch den Krieg verursachten Warenhungers, die beträchtliche Anzahl von 7000 Arbeitern bis 1929 zu beschäftigen. Die dann jäh hereinbrechende Weltwirtschaftskrise mußte das klein gewordene Österreich und in erster Linie seine Großbetriebe, somit auch die mittlerweile in die „Steyrwerke" umgewandelte Waffenfabrik aufs empfindlichste treffen, da der Inlandsmarkt, weder dem Umfang noch der Kaufkraft nach, für sie ausreichen konnte und die Auslandsmärkte durch die immer schärferen wirtschaftlichen Absperrmaßnahmen ihnen mehr und mehr verschlossen wurden. Dies waren die Gründe, die dazu führten, daß die Arbeiterzahl 1931 auf 1000 herabsank. Die aus der Verkaufsinteressengemeinschaft mit den Austro-Daimler-Puch Werken schließlich hervorgegangene Vereinigung zur Steyr-Daimler-Puch A. G. führte zur Festigung der Verhältnisse. Langsam stieg die Gefolgschaft wieder auf rund 10.000 Köpfe. Sie erreichte damit eine Zahl, die sonst nur in Zeiten höchster Wirtschaftsanspannung verzeichnet werden konnte. Seit der Heimkehr des Landes Österreich ins Deutsche Reich sichert der Geist der neuen Zeit dem Unternehmen eine glückliche Zukunft und den Wiederaufstieg zu neuer Größe.

Tabelle 2. Arbeiterzahl des Werndlschen Unternehmens bzw. der Österreichischen Waffenfabriks-Gesellschaft.

Jahreszahl	Arbeiterzahl	Wöchentliche Erzeugung
1855	450	Nur Gewehrteile
1867	4 000	5 000 Gewehre
1869	5 500	8 000 „
1885	9 000	8 000 „
1889	9 700	13 000 „
im Krieg	15 000	18 000 „

Wenn nun die Betrachtung des Wirkens JOSEF WERNDLs, wie es werden konnte, wie es war und wie es auf spätere Zeiten ausstrahlte, noch einmal an uns vorübergleitet, dann kann zusammenfassend gesagt werden, daß dieser kerndeutsche Mann wie geschaffen war für jene Zeit, die er durchlebte. Wie wenige Männer, hat WERNDL die Bedürfnisse dieser seiner Zeit erfaßt und sie zu nutzen verstanden. Er war ein Ostmarkdeutscher von altem Schrot und Korn, ein Tatenmensch und trotzdem ein Freund des „Leben und Lebenlassen", ein Genießer der großen und der kleinen Freuden dieser Welt, warmfühlend für seine Gefolgschaft und für alle seine Mitmenschen, bemüht für seine Heimat, die er unendlich liebte. So hat ihn auch der Künstler auf dem prächtigen Denkmal dargestellt, das ihm in seiner Vaterstadt Steyr errichtet wurde: als einen Treuen unter Treuen, wahrhaft ein Sinnbild des Handwerks in geradezu mittelalterlicher Auffassung und des Gedankens der Verbundenheit von Betriebsführer und Gefolgschaft, die sich vereint fühlen im Sinn des am Denkmal angebrachten Wahlspruchs:

„Arbeit ehrt."

Quellen und Schrifttum.

A. Archivalien:

Das Zündnadelgewehr, handschriftlich (Kriegsarchiv, 1850/13/137).

Akt Kriegsministerium Nr. 3395 vom 10. Februar 1854. Kaiserliche Entschließung vom 10. September 1854: „Erzeugung und Verteilung neuer Gewehre im Jahre 1855 im Betrage von 2500000 Gulden" (Kriegsarchiv).

K. k. Kriegsministerium, Abt. VII, Nr. 2918. Kaiserliche Entschließung vom 28. Juli 1867: „Genehmigung der beantragten Einführung des WERNDLschen Hinterladungsgewehrmodelles bei allen neu zu erzeugenden Handfeuerwaffen in der Armee" (Kriegsarchiv 1867, 7a, 56—134/3).

Kriegsministerium vom 16. Dezember 1867: „Auf Grund des Erlasses, Abt. VII, 5246/5381, vom 10. November 1867 werden weitere 150000 Gewehre System Werndl über die bereits in Auftrag gegebenen 100000 bei WERNDL bestellt" (Kriegsarchiv 1867, 74/10).

Kriegsministerium, Z. 7a, 5717, 1885: Allerhöchste Sanktion der Erzeugung und Erprobung von 5500 Stück Mannlicher-Gewehren mit Gradzugverschluß, 21. März 1885 (Kriegsarchiv).

Kriegsministerium, Z. 7a, 5718, vom Jahre 1885: MANNLICHER wird in Kenntnis gesetzt, daß ihm eine Prämie von 1 Gulden ö. Währung für jedes erzeugte Versuchsgewehr zuerkannt wird (Kriegsarchiv).

B. Druckwerke:

A. KROPATSCHEK. — „Das k. k. österreichische Hinterladungsgewehr — System kleinen Kalibers mit Werndlverschluß". Verlag: Seidel & Sohn, Wien.

Anonym. — „K. k. Infanterie- und Jägergewehr mit Werndlverschluß". Hof- und Staatsdruckerei, Wien 1868.

F. MANNLICHER. — „Die Entwicklung der militärischen Handfeuerwaffen in Österreich" in: Weltausstellungskatalog Paris 1900, Heft 11, S. 1—19, Wien.

VON ALTEN. — „Handbuch für Heer und Flotte", Band IV „Handfeuerwaffen".

Anonym. — Die Werke der Österreichischen Waffenfabriks-Gesellschaft von Steyr und Letten. Firmenschrift, o. O. 1888.

E. MARSCHNER. — Lehrbuch der Waffenlehre zum Gebrauch an den k. k. Militärakademien, 2. Bd., Verlag Tempsky, Wien-Prag, 1896.

G. GOLDBACHER. — Stadt Steyr in Oberösterreich, herausgegeben von der k. k. Zentralkommission für Denkmalpflege.

Julius Lott, der Erbauer der Arlbergbahn.

Von

Dr. Adolf Bihl, Berlin.

Mit 2 Abbildungen.

Die Geschichte der österreichischen Eisenbahnen ist zugleich die Geschichte großer deutscher Eisenbahningenieure, die aus den verschiedensten deutschen Gauen kamen. Schon die erste Eisenbahn im Gebiet des Deutschen Bundes, die „Holz- und Eisenbahn" Linz—Budweis, die in den Jahren 1825 bis 1832 gebaut wurde, ist das Werk zweier großer Männer, des Sudetendeutschen Franz Josef Ritter von Gerstner und seines Sohnes Franz Anton Ritter von Gerstner. Der erste Plan, die nördlichen Provinzen des alten Kaiserstaates, vor allem Galizien, von der russischen Grenze bei Brody an, über Wien mit Triest durch eine Dampfeisenbahnlinie von rund 1500 km Länge zu verbinden, stammt von dem Steirer Franz Xaver Riepl und wurde schon in den Jahren 1829/30, also noch vor Friedrich Lists Denkschrift über ein allgemeines deutsches Eisenbahnwesen, aufgestellt und der Öffentlichkeit vorgelegt. Wenn auch Riepls großer, weitschauender Plan damals noch nicht in die Tat umgesetzt wurde, da es der österreichischen Staatsführung an Geld und der notwendigen Großzügigkeit fehlte, so wurde doch nach seinen Vorschlägen die Kaiser-Ferdinands-Nordbahn gegründet und am 7. Juli 1839 die Strecke Wien—Brünn eröffnet. Im Jahre 1848 wurde in Annaberg bei Oderberg der Anschluß der Ferdinands-Nordbahn an das preußische Eisenbahnnetz und damit die erste Schienenverbindung zwischen Wien und Berlin hergestellt.

Mit der in den Jahren 1848 bis 1854 erbauten Semmeringbahn ist der Name ihres genialen Schöpfers Karl von Ghega für immer verbunden. Ghega, der als Sohn eines österreichischen Offiziers im damaligen österreichischen Venetien geboren wurde, hat es als erster gegen die Ansicht der meisten Fachleute gewagt, die Alpen zu überschienen. Er fand in dem Schlesier Wilhelm Freiherrn von Engerth den großen Maschinenbauer, der die Lokomotive für seine Alpenbahn schuf. Mit dem Bau der Semmeringbahn beginnt die große Zeit deutschösterreichischer Bergbahnbauten, die stets ein Ruhmesblatt deutscher Ingenieure sein werden. Der Schwabe Karl von Etzel schuf das nächste große Bauwerk, die Brennerbahn, wobei zum erstenmal die Überschienung eines Passes des Zentralalpenkammes ohne Scheiteltunnel durchgeführt wurde. Die letzte große Bauperiode von 1900 bis 1910, der Bau der vier Alpenbahnen: der Tauern-, Pyrhn-, Karawanken- und Wocheinerbahn, ist eng verknüpft mit dem Namen des letzten bedeutenden Eisenbahnbauers des alten Österreich, dem Steirer Karl Wurmb.

Während alle diese Linien dem Nord-Süd-Verkehr dienen, gab es bis zum Beginn der Achtzigerjahre keine durchgehende Ost-West-Verbindung zwischen Wien und dem westlichsten österreichischen Alpenland Vorarlberg. Erst mit der Eröffnung der Arlbergbahn am 20. September 1884 wurde diese für den mitteleuropäischen Durchgangsverkehr wichtige Linie vollendet. Der Erbauer dieses großartigen Werkes deutscher Ingenieurkunst, JULIUS LOTT, erlebte diesen Tag, der ein Ehrentag für ihn geworden wäre, nicht mehr; er war im Jahre vorher durch einen qualvollen Tod mitten aus seiner Arbeit abberufen worden.

Sein Vater, FRANZ KARL LOTT, war Universitätsprofessor in Göttingen und Wien; er war am 28. Januar 1807 als Sohn eines Baumwollwarenfabrikanten in Wien geboren. Dort besuchte FRANZ KARL LOTT die Volksschule, dann das Akademische Gymnasium und studierte, um dem Wunsche des Vaters nachzukommen, Rechtswissenschaft. Aber schon nach einem Jahr des Gerichtsdienstes verließ er die juristische Laufbahn und begann Philosophie zu studieren. Nach dem Tode des Vaters (1838) ging er nach Göttingen, wo der Philosoph HERBART lehrte. Neben HERBART waren es vor allem der Mathematiker KARL FRIEDRICH GAUSS und der Chemiker KARL FRIEDRICH WÖHLER, die auf LOTT einen nachhaltigen Eindruck ausübten. Mit einer Schrift über die Unsterblichkeit der Seele habilitierte er sich, nachdem er kurze Zeit in Heidelberg gewesen war, 1842 an der philosophischen Fakultät der Göttinger Universität, wo er 1848 auch Professor wurde. Im nächsten Jahr folgte er einem Ruf in seine Vaterstadt Wien, wo er bis zu seinem Tode am 15. Februar 1874 wirkte.

FRANZ KARL LOTT war seit dem 28. Oktober 1833 mit MARIE BUJATTI, der Schwester eines bekannten Wiener Seidenfabrikanten, FRANZ BUJATTI, vermählt, die ihm drei Söhne und zwei Töchter schenkte. Der älteste Sohn, THEODOR, wurde Sekretär der Akademie der Bildenden Künste in Wien, der dritte Sohn, GUSTAV, wurde Professor für Frauenheilkunde an der Wiener Universität; die ältere Tochter, JEANETTE, heiratete den Wiener Kunsthistoriker RUDOLF VON EITELBERGER, den Begründer des Österreichischen Museums für Kunst und Industrie, die jüngere, MARIE, wurde die Gemahlin des bekannten Historikers OTTOKAR LORENZ.

JULIUS, der zweite Sohn FRANZ KARL LOTTS, wurde Ingenieur. Er wurde am 25. März 1836 in Wien geboren. In Göttingen besuchte er die Volksschule und das Gymnasium. Nach des Vaters Übersiedlung nach Wien war JULIUS im Jahre 1849/50 Schüler des Akademischen Gymnasiums und dann vier Jahre des Gymnasiums der Theresianischen Akademie, wo er auch die Reifeprüfung ablegte. Schon in der Schule hatte er mehr Freude an den mathematisch-naturwissenschaftlichen Unterrichtsgegenständen; er ging deshalb nach der Reifeprüfung an das Wiener Polytechnische Institut, wo er Bauingenieurwissenschaften studierte. Im Herbst 1856 zog er von Wien nach Karlsruhe, wo er unter anderem auch bei FERDINAND REDTENBACHER, dem großen Maschinenbauer, hörte. Nach Abschluß der Studien wurde er Assistent bei Professor Oberbaurat F. KELLER und trat dann in den badischen Staatsdienst für Straßen- und Wasserbau.

Im Juni 1862 rief ihn KARL VON ETZEL nach Tirol zum Bau der Brennerbahn, wo sich LOTT zuerst bei der Trassierung, dann als Bauleiter einer der schwierigsten Baustrecken, Patsch—Matrei, hervorragend bewährte; vor allem zeigte er seine technischen Fähigkeiten bei den Bauten der Sillstauwehre, des Mühlthalertunnels, des Silltunnels und bei den Entwässerungsarbeiten zur Befestigung des Geländes, wofür ihm die belobende Anerkennung des Ministeriums ausgesprochen wurde. Etzel starb schon vor Vollendung des Baues, am 2. Mai 1865. Nachfolger als Bauleiter der Brennerbahn wurde sein bisheriger Mitarbeiter, der gleich geniale Deutschschweizer Achilles Thommen. Nach Fertigstellung der Bahn, die am 24. August 1867 dem Verkehr übergeben wurde, erhielt Thommen eine Berufung nach Ungarn. Die ungarische Regierung begann damals nach dem Ausgleich mit Österreich einen großzügigen Ausbau des Eisenbahnnetzes und übertrug Thommen die Leitung der königlich ungarischen Eisenbahndirektion. Thommen nahm sich einige der jungen Ingenieure, deren Fähigkeiten er beim Bau der Brennerbahn kennen gelernt hatte, nach Ungarn mit, so auch Julius Lott.

Am 18. Oktober 1867 trat Lott in den ungarischen Staatsdienst, wo er bis März 1871 blieb. Zuerst war er als Oberingenieur Leiter der Bahnerhaltungssektion in Fiume, dann Leiter der Trassierungsarbeiten der Linie Großwardein —Klausenburg; im Oktober 1868 übernahm er in der Budapester Zentrale die Leitung des Unterbaudienstes, im März 1870 wurde der erst 35jährige Mann erster Vertreter des Baudirektors. Seine amtliche Tätigkeit während dieser Jahre verschaffte ihm bald den Ruf eines besonders tüchtigen und gewandten Ingenieurs, dessen vielseitige Fähigkeiten, persönliche Bescheidenheit und Liebenswürdigkeit ihm eine glänzende Laufbahn in Aussicht stellten. Sehr bald sollte Lott an eine überaus verantwortungsreiche Stelle berufen werden. Im Jahre 1870 war es zwischen der Ungarischen Ost-

Abb. 1. Julius Lott. 1836—1883.

bahn, einer Privatgesellschaft, und einer von ihr beschäftigten großen englischen Bauunternehmung zu einer ernsten Auseinandersetzung gekommen, in deren Verlauf das bestehende Vertragsverhältnis gelöst wurde. Die Ostbahn mußte daher mehrere hundert Kilometer des Bahnnetzes in unvollendetem Zustand übernehmen und unter eigener Bauaufsicht fertigstellen. Sie schuf sich deshalb eine eigene Baudirektion, an deren Spitze sie Lott berief.

Es bestanden schwierigste Bauverhältnisse und eine trostlose wirtschaftliche Lage der Gesellschaft, die weitgehende Staatshilfe erforderlich machte, als Lott im März 1871 die gesamte technische und kaufmännische Leitung des weiteren Bahnbaues der Ostbahn übernahm. Daß er der Lage Herr wurde, daß es ihm gelang, die begonnenen Bauten, vor allem die Strecken Klausenburg—Kocsard und Schäßburg—Kronstadt, bis zum Jahre 1873 fertigzustellen, bewies nicht nur sein großes technisches Können und organisatorisches Talent, sondern auch sein taktvolles und sicheres Auftreten in schwieriger Lage. Mit der Vollendung des geplanten Bahnnetzes wurde die Baudirektion der Ostbahn wieder aufgelöst und Lott verließ Ende Februar 1875 seine ungarische Wirkungsstätte.

Er trat nun eine längere Erholungsreise in die Schweiz an, wo er auch die im Bau befindliche Gotthardbahn, insbesondere den großen Tunnel, studierte. Er knüpfte auch Verhandlungen mit der Gotthardbahngesellschaft wegen Übernahme der Stelle eines Baudirektors an. Die Verhandlungen führten aber zu keiner Einigung.

Währenddessen war in Österreich ein grundsätzlicher Wandel im Eisenbahnbauwesen eingetreten; seit dem Jahre 1855 hatte der Staat auf jede eigene Eisenbahnbautätigkeit verzichtet und diese den Privatgesellschaften überlassen; ein starker Ausbau des Eisenbahnnetzes war die Folge. Die große Krise des Jahres 1873, die den ganzen Staat erschütterte, hemmte aber jede weitere Unternehmungslust. Da nun mit dem Bau größerer Eisenbahnlinien durch private Unternehmer nicht mehr zu rechnen war, entschloß sich die Staatsverwaltung, eine eigene Staatseisenbahn-Baudirektion zu schaffen und die notwendigen Bahnbauten wieder selbst zu führen. Der frühere Generaldirektor der Theißbahn, Wilhelm von Nördling, der seit kurzem Sektionschef und Generaldirektor des österreichischen Eisenbahnwesens im Handelsministerium war und Lotts Leistungen in Ungarn kennengelernt hatte, bemühte sich im Sommer 1875, diesen als Baudirektor der neu zu gründenden Staatseisenbahn-Baudirektion zu gewinnen. Am 3. August 1875 erklärte sich Lott in einem Schreiben an Nördling zur Übernahme dieses Amtes bereit, am 16. August erfolgte die kaiserliche Genehmigung seiner Anstellung. Die Aufstellung einer staatlichen Baudirektion war nur für so lange, als die Staatsverwaltung selbst Eisenbahnen bauen würde, geplant; demgemäß erfolgte auch die Anstellung der Beamten nur gegen Kündigung, nicht auf Dauer. Auch Lotts Berufung erfolgte „bloß in provisorischer Eigenschaft", so daß sowohl der Staatsverwaltung als auch ihm die Kündigung des Dienstverhältnisses mit einjähriger Kündigungsfrist freistand.

Am 1. September 1875 übernahm Lott die Leitung der Direktion für Staatseisenbahnbauten. Bei seinem Dienstantritt waren vier größere Staatsbahnstrecken schon im Bau, die Linien Rakonitz—Protivin in Böhmen, Tarnow—Leluchow in Galizien und zwei Strecken in Istrien und Dalmatien. Im Laufe der nächsten Jahre kamen noch folgende Linien hinzu: Tarvis—Pontafel, Unterdrauburg—Wolfsberg, Mürzzuschlag—Neuberg, Kriegsdorf—Römerstadt, Erbersdorf—Würbenthal und die Donauuferbahn bei Wien, die alle unter Lotts oberster Leitung trassiert und ausgeführt wurden. Die weite Entfernung der im Bau befindlichen Linien untereinander und zum Teil auch von Wien machte es Lott natürlich unmöglich, alle Bauarbeiten an Ort und Stelle zu beaufsichtigen. Dies war auch gar nicht seine Aufgabe, vielmehr oblag es ihm und seiner Baudirektion, die Linienführungen auszuarbeiten und die Oberleitung der Bauten in der Hand zu behalten, wogegen die örtlichen Bauleitungen mit der genauen Ausführung betraut waren. Lott löste den ihm mit dem Bau dieser Bahnlinien gestellten Auftrag in ausgezeichneter Weise und die von ihm erbauten Lokalbahnen wurden vorbildlich für spätere private und staatliche Bahnlinien dieser Art.

Die erwähnten Bahnen waren noch nicht fertiggestellt, als Lott eine neue große Aufgabe, seine größte und erfolgreichste, aber auch seine letzte, gestellt wurde, die Vorarbeiten für den Bau der Arlbergbahn und die Durchführung dieses Baues. Der

Bau der Arlbergbahn hatte eine lange Vorgeschichte. Der Arlbergpaß ist zwar die kürzeste Verbindung zwischen Tirol und Vorarlberg, aber der 1802 m hohe Berg ist bloß vier Monate im Jahre schneefrei und war daher bis ins 18. Jahrhundert nur von einem Saumpfad überquert. Kaiser Joseph II. ließ 1786 den Bau einer guten Straße in Angriff nehmen, die jedoch erst 1824 fertiggestellt wurde. Trotzdem mied der große Personen- und Güterverkehr den Arlberg und wählte lieber den Umweg über den Fernpaß, der, um 500 m niedriger als der Arlbergpaß, bedeutend längere Zeit im Jahre befahrbar ist. Die Arlbergstraße brachte also Vorarlberg kaum näher an Wien heran. Erst durch den Bau einer Eisenbahn sollte dies anders werden. Seit 1846 bemühten sich maßgebende Männer Vorarlbergs, vor allem der Präsident der Handelskammer Karl Ganahl, um den Anschluß Vorarlbergs an das übrige österreichische Eisenbahnnetz. Aber erst 1872 kam die Vorarlberger Bahn Bregenz—Bludenz zustande. Im Jahre 1875 wurde auch auf der Ostseite des Arlbergs die durchgehende Schienenverbindung von Wien bis Innsbruck fertiggestellt, so daß nur noch das Verbindungsstück über den Arlberg fehlte. Die Art der Ausführung eines Bahnbaues über dem Arlberg und die Linienführung waren unter den Fachleuten umstritten. Achilles Thommen hatte auf Veranlassung Ganahls im Jahre 1867 einen ersten Entwurf ausgearbeitet; er sah eine Durchbohrung des Berges oder eine Überschienung vor. Dann ließ die Eisenbahnverwaltung eingehende Studien über die beste Linienführung vornehmen, die entweder durch das Paznauntal über das Zeinisjoch und durch das Montafoner Tal oder durch das Stanzertal über den Arlbergpaß und durch das Klostertal gedacht war.

Die zweite der beiden Linien wurde als bessere erkannt und für alle späteren Planungen als Grundlage angenommen. Im Jahre 1870 legte der Handelsminister dem Österreichischen Ingenieur- und Architektenverein die Frage vor, in welcher Weise die beste Eisenbahnverbindung zwischen Innsbruck und Bludenz herzustellen sei. Ein Sachverständigenausschuß des Vereines beantwortete die Frage, und wie wir heute sagen können, sehr richtig, folgendermaßen: „Für die Arlbergbahn ist eine Überschienung des Bergscheitels nicht bau- und betriebswürdig, es ist vielmehr eine Unterfahrung mittels Tunnel durchaus notwendig, um einen gesicherten, regelmäßigen und leistungsfähigen Bahnbetrieb zu schaffen". Die Staatsverwaltung stimmte dem Bau eines Scheiteltunnels zu und veranlaßte umfangreiche Studien zur Linienführung. Die Meinungen der Eisenbahnfachleute gingen stark auseinander, ob man einen tiefer gelegenen, daher längeren und teureren Tunnel oder einen höher zu legenden kürzeren bauen sollte; die meisten sprachen sich für den Entwurf des tieferliegenden Tunnels aus, für den sich dann auch die Staatsverwaltung entschied. Ein entsprechender Gesetzentwurf, den die Regierung im Jahre 1873 dem Abgeordnetenhaus vorlegte, wurde aber von diesem wegen der hohen Baukosten abgelehnt. Der Bau der Bahn kam also infolge der mangelnden Einsicht der Volksvertretung vorerst noch nicht zur Ausführung. Eine neue Regierungsvorlage erlitt im Jahre 1876 das gleiche Schicksal; erst im Jahre 1880 erhielt eine dritte Vorlage die Zustimmung des Parlaments und am 15. Mai 1880 die kaiserliche Genehmigung. Das Gesetz bestimmte unter anderem den Bau eines zweigleisigen Tunnels von 10270 m Länge, dessen Scheitel 1311 m über dem Meeresspiegel der Adria liegen sollte.

Während die Staatsverwaltung einen jahrelangen Kampf mit der Volksvertretung führen mußte, um diese für den Ost-West-Verkehr innerhalb der österreichischen Reichsgrenzen geradezu lebenswichtige und auch vom militärischen Standpunkt aus notwendige Schienenverbindung durchführen zu können, war die von JULIUS LOTT geführte Direktion für Staatseisenbahnbauten nicht untätig geblieben. Ihre Vorarbeiten für den Bau der Arlbergbahn erstreckten sich vor allem in zwei Richtungen, in der Ausarbeitung einer genauen Linienführung und in dem Studium der beim Bau des Gotthardtunnels gemachten Erfahrungen und deren Anwendung für den geplanten Arlbergtunnel. LOTT selbst machte im Jahre 1879 eine neuerliche Studienreise zum Bau der Gotthardbahn. Nachdem die Linienführung der Arlbergbahn im Sommer 1879 in großen Zügen endgültig festgelegt worden war, arbeitete man in der Baudirektion in Wien die genaue Planung aus und führte am Arlberg selbst alle notwendigen Vermessungsarbeiten durch. Ein größerer Stab von Mitarbeitern LOTTs war an beiden Seiten des Berges tätig und untersuchte genau die Boden- und Wasserverhältnisse. In allen wesentlichen Fragen behielt sich LOTT persönlich die Entscheidung vor, wie er überhaupt sein besonderes Augenmerk neben den anderen Bahnbauten den Vorarbeiten für den Bau der Arlbergbahn zuwendete.

Am 10. Januar 1880, also noch vor der Erlassung des Gesetzes über den Bau dieser Bahn, legte JULIUS LOTT dem Handelsminister ein umfangreiches Programm für den Arlbergbahnbau „wie ich ihn mir denke" vor. Er sah drei Hauptabschnitte der Strecke vor, die Talstrecke Innsbruck—Landeck, die beiden Rampen zwischen Landeck und Bludenz und den Haupttunnel. Die Strecke bis Landeck sollte so rasch wie möglich in Angriff genommen und fertiggestellt werden, um dem Bau der übrigen Abschnitte, vor allem dem Tunnelbau, noch zugute zu kommen. Der Stollenbau des Haupttunnels sollte im Frühjahr 1880 begonnen werden, der Durchschlag war für den Herbst 1885, die Vollendung des Tunnels und damit der ganzen Bahn war für den Sommer 1886 vorgesehen. Zum Unterschied vom Gotthardtunnel, wo die sogenannte belgische Bauweise ausgeführt wurde — d. h. es wurde ein Richtstollen in Firsthöhe vorgetrieben, der dann seitlich erweitert und nach unten ausgedehnt wurde —, schlug LOTT für den Arlbergtunnel vor, einen Sohlenstollen voranzutreiben, von dem aus durch Aufbruchschächte Angriffspunkte für den Firststollen und die Ausweitung des ganzen Profils gewonnen wurden.

Zu den Vorarbeiten für diesen Bahnbau in der Wiener Zentrale und auf der Strecke brauchte LOTT wesentlich mehr Mitarbeiter als in seiner Baudirektion bei deren Errichtung vorgesehen waren. Er bat daher das Ministerium, die Ingenieure, die bisher bei den Bauleitungen der anderen Bahnstrecken beschäftigt waren und infolge deren Fertigstellung entlassen werden sollten, im Dienst behalten und für die Vorarbeiten an der Arlbergbahn verwenden zu dürfen. Er rechnete so sehr mit dem baldigen Beginn des Baues, daß er alle verfügbaren Kräfte, die er von ihrer Tätigkeit bei den anderen Bauten kannte, an dem neuen großen Arbeitsgebiet einsetzen wollte.

Gleichzeitig mit der kaiserlichen Genehmigung zum Beginn des Bahnbaues wurde LOTT, der sich bisher „als ein besonders begabter, pflichttreuer und in jeder Hinsicht vertrauenswürdiger Beamter von gründlicher theoretischer und praktischer Fachbildung bewährt und durch seine erfolgreiche Tätigkeit in sehr anerkennenswerter Weise verdient gemacht hat", endgültig zum Direktor der Baudirektion mit dem Titel und Charakter eines Oberbaurates ernannt. Das Schreiben des Handelsministers, mit welchem er Lott die Bauleitung über die Arlbergbahn übertrug, schloß mit dem Satz: „Indem ich hiermit die Durchführung des hochbedeutsamen Bauwerks Ihrer unmittelbaren Leitung anvertraue, gebe ich der in Ihrer bisherigen verdienstvollen Leistung wohl begründeten Erwartung Ausdruck, daß Sie diese schwierige und wichtige Aufgabe, der damit verbundenen Verantwortung voll bewußt, glücklich vollenden werden, zur weiteren Förderung und Fertigung von Eisenbahnbauten durch den Staat und zur Hebung und Mehrung des Ansehens der österreichischen Bautechnik." Lott rechtfertigte das in ihn gesetzte Vertrauen vollauf.

Ein Monat nach der kaiserlichen Genehmigung, am 14. Juni 1880, wurde bereits der erste Spatenstich an der Ostseite des Tunnels getan, am 22. Juni erfolgte auch an der Westseite der Baubeginn. Der Stollenvortrieb begann zunächst mit Handbohrung, aber schon im November 1880 konnte mit der Maschinenbohrung begonnen werden. An den beiden Tunnelseiten wurden zwei verschiedene Bohrsysteme verwendet; an der Ostseite wurden Stoßbohrmaschinen des Systems Feroux eingesetzt, die mit Preßluft arbeiteten und sich schon beim Bau des Gotthardtunnels

Abb. 2. Trisanna Viadukt im Bauzustand.

bewährt hatten, wogegen an der Westseite mit Druckwasser arbeitende Drehbohrmaschinen des Systems Brandt angewendet wurden. Dieses System, das kurze Zeit vorher bei kürzeren Tunnels, dem Sonnsteintunnel der Salzkammergutbahn und dem Pfaffensprungtunnel der Gotthardbahn, seine ersten Erfolge errungen hatte, bewährte sich auch beim Arlbergtunnel ausgezeichnet. Die beiden angewendeten Bohrsysteme erwiesen sich als gleichwertig; auf beiden Seiten wurden die vorgesehenen täglichen Stollen von je 3,3 m bedeutend überschritten, so daß ein täglicher Baufortschritt von fast 10 m erzielt werden konnte. Die Schwierigkeiten, die beim Durchbohren des Berges auftraten, waren allerdings wesentlich größer, als sie vorher angenommen worden waren, vor allem war der Wasserandrang und der Gebirgsdruck auf der Westseite unerwartet hoch, und erforderten große Vorsichtsmaßnahmen und schwere Ausmauerungen. Lotts Anordnungen, die er oft an Ort und Stelle erließ, konnten auch dieser Schwierigkeiten Herr werden. Die große Zahl seiner tüchtigen Mitarbeiter unterstützte ihn tatkräftig und setzte seine Maßnahmen in die Tat um.

Der Haupttunnel war zwar weitaus das schwierigste Baustück dieses Bahnbaues, aber auch die anderen Abschnitte stellten den Ingenieuren bedeutende Aufgaben, so das oberste Stück des Talabschnitts Innsbruck—Landeck, wo die Bahn in einer

Länge von mehr als 10 km in das Flußbett verlegt werden mußte, wozu umfangreiche Uferschutzbauten notwendig waren. Die beiden Rampenstrecken, die größtenteils an die Hänge des Berges angebaut wurden, verlangten ausgedehnte Sicherungs-
bauten gegen Rutschung, Schneeverwehung u. dgl. Aus der großen Zahl von Brücken
und Viadukten ragt besonders die Trisannabrücke hervor, deren Fahrbahn 87 m
über der Talsohle liegt; auch die Wäldlitobelbrücke und der Viadukt über den
Schmidttobel sind Meisterwerke der Brückenbaukunst ihrer Zeit. Wenn trotz aller
vorhergesehenen und unvorhergesehenen Schwierigkeiten die Bahn in wesentlich
kürzerer Zeit als ursprünglich berechnet war, fertiggestellt werden konnte, so ist
das den ausgezeichneten Vorbereitungen zu danken, die LOTT und seine Mitarbeiter
noch vor dem Baubeginn trafen und dann der umsichtigen, jeder Lage gewachsenen
Bauleitung.

Am 19. November 1883 konnte die Feier des Durchschlags des Sohlenstollens
des Tunnels begangen werden, Ende Mai 1884 war der ganze Tunnel betriebsfertig,
am 31. August 1884 fuhr der erste Probezug über die Bahn, am 20. September 1884
fand die feierliche Eröffnung der neuen Eisenbahnstrecke durch den Kaiser statt
und am nächsten Tag konnte der Gesamtverkehr aufgenommen werden. Gegenüber
der von LOTT selbst vorher berechneten Eröffnung der Bahn im Sommer 1886 be-
deutete das einen Zeitgewinn von nahezu zwei Jahren. Während man zum Bau des
15 km langen Gotthardtunnels eine Bauzeit von $9^1/_4$ Jahren benötigte, wurde der
Arlbergtunnel, der 10248,7 m lang ist, in $4^1/_4$ Jahren fertiggestellt, einRuhmesblatt
für alle beteiligten Ingenieure und Arbeiter, nicht zuletzt für JULIUS LOTT.

Er selbst erlebte die Fertigstellung des Bahnbaues nicht mehr. Im Herbst 1882
besichtigte er zum letztenmal die Arbeiten an Ort und Stelle und traf wichtige Maßnahmen, dann reiste er wieder nach Wien zurück. Hier führte er seit einigen Monaten
auch noch die Vorarbeiten für den Bau der sogenannten galizischen Transversal-
bahn durch. Eine schwere Krankheit riß ihn aus allen Arbeiten und Plänen heraus.
Im Oktober 1882 mußte er einen Krankenurlaub antreten, von dem er nicht mehr ins
Amt und zum Bahnbau zurückkehren sollte. Sein Leiden verschlimmerte sich bald
so sehr, daß schon Mitte November ein neuer Mann einstweilen die Leitung der
Baudirektion übernehmen mußte. LOTTS schlechter Gesundheitszustand veranlaßte
die Regierung, im Dezember 1882 beim Kaiser eine Auszeichnung für ihn zu bean-
tragen, da man erkannte, daß er eine wohl verdiente Ehrung bei Vollendung der
Arlbergbahn doch nicht mehr erleben würde. In dem Vortrag des Handelsministers
an Kaiser Franz Joseph heißt es, ,,daß LOTT sich von allem Anfang an der übernom-
menen großen Aufgabe mit besonderer Liebe und mit dem Aufgebot all seines Wissens
und Könnens gewidmet habe. Durch zweckmäßige verständnisvolle und zielbewußt
ersonnene Vorkehrungen wurde es ermöglicht, die Arbeiten an Ort und Stelle in
ungewöhnlich kurzer Zeit in vollen Gang zu setzen. Mit Ausdauer und Energie
wurden die sich vielfältig entgegenstellenden Schwierigkeiten und Hemmnisse
bewältigt... und ein unverhofft günstiger Fortschritt der Bauarbeiten erzielt''.
In dem gleichem Schriftstück wird LOTT als ein ,,hochbegabter Mann von gediegener
fachlicher und allgemeiner Bildung und höchst ehrenwertem Charakter'' geschildert.
Am 25. Dezember 1882 erhielt JULIUS LOTT ,,in Anerkennung der von ihm geleisteten
ausgezeichneten Dienste'' vom Kaiser den Orden der Eisernen Krone 3. Klasse.

Drei Monate später, am 24. März 1883, einen Tag vor seinem 47. Geburtstag, erlöste ihn der Tod von seinem schweren Leiden. Einer seiner Mitarbeiter schreibt über den Eindruck, den die Todesnachricht auf alle am Bau der Arlbergbahn Beteiligten machte: „Viele bittere Stunden waren zu überwinden (gemeint ist, während des Baues), aber keine war so ernst, als diese, wo einer ergebenen Schar ihr allgemein geachteter und hochgeschätzter Führer genommen wurde." Am 26. März 1883 — es war Ostermontag — wurde Julius Lott am evangelischen Friedhof in Matzleinsdorf bei Wien beigesetzt; eine große Trauergemeinde folgte seinem Sarg, um Abschied von dem beliebten und geehrten Vorgesetzten und Kollegen zu nehmen.

Bald nach seinem Tod beschlossen seine Freunde, diesen erfolgreichen Ingenieur durch die Aufstellung eines Denkmals zu ehren. Ohne jede amtliche Unterstützung, nur durch Sammlung in Freundeskreisen, bei den Mitarbeitern, Beamten und Arbeitern des Bahnbaues, konnte eine beträchtliche Summe zustandegebracht werden, die hinreichte, um ein würdiges Denkmal aufzustellen. Am Tage nach der Eröffnung der Arlbergbahn, am 22. September 1884, wurde das Lott-Denkmal am Osteingang des großen Arlbergtunnels bei St. Anton feierlich enthüllt. Es ist eines der ersten Denkmäler, das einem deutschen Eisenbahnbauer errichtet wurde.

Quellen und Schrifttum.

Akten des Archivs für Verkehrswesen des ehemaligen österreichischen Bundesministeriums für Handel und Verkehr.

Briefe Julius Lotts (aus dem Familienbesitz).

Th. Vogt, Franz Karl Lott. Wien 1874.

F. Liharzik, Julius Lott †. Österr. Eisenbahn-Ztg. Jg. 6, S. 145/147, Wien 1883.

Julius Lott †. Centralblatt f. Eisenbahnen d. Österr-ung. Monarchie. Jg. 22, S. 569/571, Wien 1883.

Oberbaurath Lott †. Beamten-Ztg. Jg. 14, S. 150/151, Wien 1883.

Baudirektor Julius Lott †. Ztg. d. Vereines Deutscher Eisenbahn-Verwaltungen. Jg. 23, S. 416/417, Wien 1883.

F. Kargl, Julius Lott, der Erbauer der Arlbergbahn. Verkehrswissensch. Rundschau. Jg. 2, H. 9, S. 17/18, Wien 1934.

E. Pontzen, Über die Verbindung zweier, durch einen Gebirgszug getrennten Eisenbahnen. Ztschr. Österr. Ing.- u. Arch.-Ver. Jg. 22, S. 67/181, 187/195, Wien 1870.

Über die Verbindung zweier durch einen Gebirgstücken getrennten Eisenbahnen. (Comité-bericht des Österr. Ing.- u. Arch.-Ver. zur Denkschrift Pontzen.) Ztschr. d. Österr. Ing.- u. Arch.-Ver. Jg. 22, S. 148/164, Wien 1870.

Die Arlbergbahn. Eine Denkschrift. Wien 1872.

Technischer Bericht über das Projekt der Arlbergbahn (Bludenz—Landeck) samt Beilagen und zugehörigen Aktenstücken. Wien 1872.

W. v. Nördling, Die Alternativ-Tracen der Arlbergbahn. Wien 1879.

Denkschrift der k. k. Direktion für Staatseisenbahnbauten über den Fortschritt der Projektierungs- und Bauarbeiten der Arlbergbahn im Jahre 1881, Wien 1882.

G. Plate, Über die Ausführung des Arlbergtunnels. Wien 1884.

F. v. Rziha, Der Bau des Arlbergtunnels. Wien 1885.

K. Feiler, 50 Jahre Arlbergbahn. Ztg. d. Ver. Mitteleurop. Eisenbahnverwaltungen. Jg. 74, S. 668/670, Wien 1934.

F. Kargl, Die Erbauung der Arlbergbahn. Ztschr. d. Österr. Ing.- u. Arch.-Ver. Jg. 86, S. 212/213, Wien 1934.

Verschiedene Artikel in: Röll, Enzyklopädie des Eisenbahnwesens, und in: Geschichte der Eisenbahnen der Österr.-ung. Monarchie. Wien 1898.

Aus der Ahnenreihe österreichischer Kraftwagen.

Von

Ing. **Josef Altmann,** Wien.

Präsident des Automobiltechnischen Vereines.

Mit 10 Abbildungen.

Die charakteristischen Bauarten der Ahnenreihe österreichischer Kraftwagen lassen das für das Anfangsstadium der Entwicklung jedes Industriezweiges gültige Entwicklungsgesetz erkennen: Vortreiben der Entwicklung zunächst nach allen möglichen Richtungen, um sodann diejenige der Typen zur höchsten Leistungsfähigkeit weiterzubilden, die den verschiedenartigen Anforderungen am besten entspricht.

Abb. 1. Elektromobil Lohner-Porsche, Paris 1900.

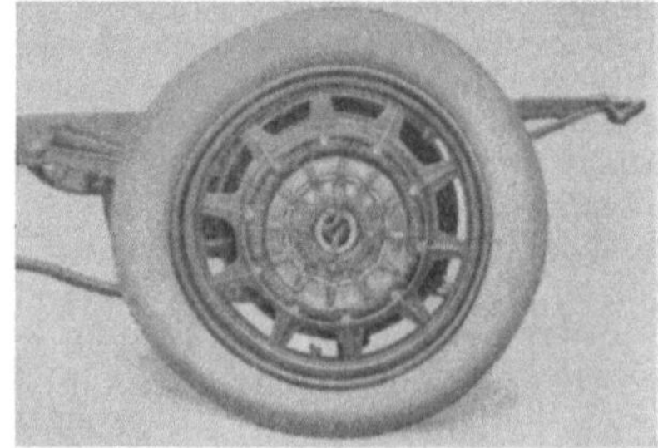

Abb. 2. Radnabenmotor.

In diesem Bestreben gingen die frühesten Versuche zu Beginn der Kraftwagenindustrie auch in Österreich zunächst nach drei Richtungen: Benzinwagen, Elektromobil, Dampfwagen.

1. Als der Benzinwagen auf den Plan trat, war anfangs seine Betriebssicherheit eine noch unbefriedigende, hauptsächlich wegen der häufigen Störungen, denen die wichtigsten Organe seines Motors — Vergaser und Zündvorrichtung — noch unterlagen. Dazu kam noch, daß damals das Ingangsetzen des Motors durch Ankurbeln von Hand aus erfolgen mußte und daß der stufenweise Geschwindigkeitswechsel bei den anfangs gebräuchlichen Kupplungen zu ruckweisem Fahren und bei wenig geschickter Bedienung — wegen der meist kleinen Motorleistung im Verhältnis zum Wagengewicht — oft zum Stillstand des Motors führte.

Alle diese in der Art der Arbeitsweise des Verbrennungsmotors gelegenen Mängel waren so empfindlich und ihre restlose Beseitigung erschien bei dem damaligen Stand der Technik so schwierig und langwierig, daß gerade zielbewußte Techniker, die von einem Fahrzeug vor allem vollkommene Betriebssicherheit und bequeme Bedienbarkeit verlangten, den Elektromotor oder den Dampfmotor als Antriebsmotor wählten, die nicht von Hand aus in Gang gesetzt zu werden brauchten und Kupplung, sowie Wechsel- und Wendegetriebe entbehrlich machten.

2. So entstand in den Jahren 1899 bis 1900 in den Lohnerwerken in Wien das von Dr. Porsche konstruierte Elektromobil System „Lohner-Porsche", das erstmalig im Jahre 1900 in Betrieb gesetzt wurde und auf der Weltausstellung Paris 1900 die österreichische Automobilindustrie vertrat.

Dieses Elektromobil (Abb. 1), das mit einer Akkumulatorenbatterie von 410 kg einen Aktionsradius von zirka 50 km hatte, wies gegenüber Elektromobilen anderer Systeme den wesentlichen Unterschied auf, daß keine besonderen Kraftübertragungs-

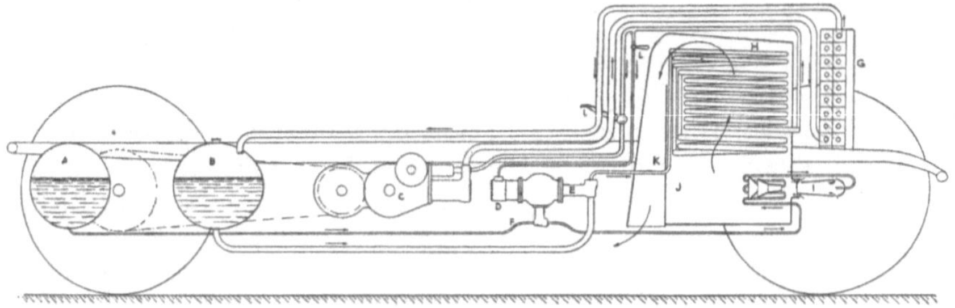

Abb. 3. Dampfwagen Knoller-Friedmann, Schema.

A Petroleumbehalter — B Wasserbehalter — C Motor — D Hilfsmotor — E Wasserpumpe — F Brennstoffpumpe — G Kondensator — H Kessel — I Brenner — J Verbrennungskammer — K Abzug fur Verbrennungsgase — L Absperrhahn.

organe vom Elektromotor auf die Triebräder des Wagens (wie z. B. beim System „Krieger Paris", Ritzel und Zahnkranz) erforderlich waren, weil die Nabe jedes der beiden Triebräder des Wagens als Rotor eines Elektromotors und die Achsstummel als Stator ausgebildet waren (Abb. 2).

Personenwagen und insbesondere auch Nutzwagen dieser Bauart standen im städtischen Betrieb bis zum Jahre 1917 vielfach in Verwendung.

Ein Wagen dieser Type ist, ebenso wie sein bereits 1899 gebauter Vorläufer, der noch keine Radnabenmotoren hatte, sondern die Triebräder von einem Elektromotor aus mittels Differential, Ritzel und Zahnkranz antrieb, im Besitze des Technischen Museums in Wien.

3. Aus demselben Bestreben der Verwendung eines betriebssicheren Motors entstand auch der von Ing. Richard Knoller konstruierte Dampfwagen System „Friedmann-Knoller".

Dieser Wagen wurde erstmalig in der Fabrik der Firma Alexander Friedmann in Wien im Jahre 1903 fertiggestellt. Er hatte einen mit flüssigem Brennstoff geheizten Schlangenrohrkessel für momentane Dampferzeugung, so daß die jeweils je Zeiteinheit erzeugte Dampfmenge die jeweilige Leistung des Motors bestimmte. Geregelt wurde diese Leistung des Motors durch Bedienung eines einzigen Handgriffes einer besonders konstruierten Pumpe, die das Wasser und den zu dessen Verdampfung erforderlichen Brennstoff in den jeweils erforderlichen Mengen zum Kessel und zu seinem Brenner lieferte, so daß die Leistung des Motors der gewünschten Geschwindigkeit des Wagens und den wechselnden Terrainverhältnissen rasch angepaßt werden konnte.

Mit diesem Wagen wurde die erste große Versuchsfahrt von Wien nach Paris im Jahre 1904 in drei Tagen unternommen. Die Lizenz für die Erzeugung und den Vertrieb des Wagens erwarb die Firma Weyher & Richmond, Paris, deren Prospekt auch das Schema (Abb. 3) des Wagens entnommen ist.

Abb. 4. Benzin-Elektro-Chassis, Lohner-Porsche.

Wagen dieser Bauart liefen bis zum Jahre 1910. Eines der ersten Fahrzeuge dieser Bauart ist im Technischen Museum ausgestellt.

4. Als Übergangsstadium in der Entwicklung setzten Bestrebungen ein, die Vorteile des mittlerweile betriebssicher gewordenen Benzinmotors mit den Vorteilen des elastischen Elektromotors zu verbinden und dadurch das Wechselgetriebe entbehrlich zu machen: So wurde schon 1901 der erste Benzin-Elektro-Wagen (Mixte-Wagen) System „Lohner-Porsche" fertiggestellt, während die Versuche hierfür mehrere Jahre zurückreichen.

Dieser Wagen (Abb. 4), der den Antrieb vom Benzinmotor über eine Dynamo auf zwei Radnabenmotoren der Vorderräder übertrug, erhielt schon 1902 in Österreich den Poetting-Preis und einer dieser Wagen stand 1905 bei den deutschen Heeres-

Abb. 5. Benzin-Elektro-Wagen Lohner-Porsche bei den
deutschen Manövern 1905.

manövern in Verwendung (Abb. 5). Das erste Stück dieser Bauart ist ebenfalls im Technischen Museum ausgestellt. Besonders bemerkenswert ist, daß diese Konstruktion Dr. PORSCHES von einem Handhebel aus die gleichzeitige (elektrische) Bremsung der Vorderräder und die (mechanische) Bremsung der Hinterräder, also bereits eine Vierradbremse, vorsah, und daß mit Hilfe einer Akkumulatorenbatterie für die Zündung und die Wagenbeleuchtung auch bereits das Anlassen des Benzinmotors bewirkt wurde.

Diese Idee des benzinelektrischen Antriebes, die für den leichten Wagen nur eine Übergangsentwicklung darstellte, kam später in anderer Form bei den von der Öst. Daimler-Motoren-Gesellschaft (Dr. Porsche) für den Transport schwerer Lasten (Geschütze) gebauten C-Zügen wieder zur Geltung.

Diese C-Züge, die insbesondere auch für den Transport der 42-cm-Mörser bestimmt waren, bestanden aus einem Generatorwagen mit 100 PS Benzinmotor, der mit einer 70 Kilowatt Gleichstromdynamo gekuppelt war, und aus einem Fahrgestell mit vier Achsen. Je zwei dieser Achsen, deren jede durch einen Doppelelektromotor angetrieben ist, sind in einem Untergestell vereinigt, können sich aber gegeneinander windschief verstellen und dadurch den Bodenunebenheiten anpassen.

Abb. 6. C-Zug mit einem schweren Transformator für das Ruetz-Werk in Tirol.

Auf dem Fahrgestell von zirka 15 Tonnen Eigengewicht konnten Einheiten bis zum Gewicht von 27 Tonnen transportiert werden. Die Abb. 6 zeigt einen in der Nachkriegszeit mit einem solchen C-Zug durchgeführten Transport eines besonders schweren Transformators in das Ruetz-Werk in Tirol.

5. Die Anfangsstadien in der Entwicklung des Kraftwagens waren um 1905 bereits abgeschlossen, da zu diesem Zeitpunkt der Benzinmotor hinsichtlich Betriebssicherheit und Elastizität bereits so vervollkommnet war, daß nunmehr die weitere Entwicklung sich ganz der Ausgestaltung der Kraftwagen mit Verbrennungsmotoren zuwandte.

Diese Entwicklung ging anfangs auch nach verschiedenen Richtungen, und zwar: Bezüglich der Anordnung des Motors (Front-Motor, Heck-Motor), bezüglich der Kraftübertragung (Kette, Kardan, Ritzel), bezüglich der Getriebe (Zahnradgetriebe, Reibradgetriebe) und bezüglich der angetriebenen Räder (Hinterradantrieb, Vorderradantrieb).

Von den vielen späterhin verlassenen Konstruktionsvarianten ist bemerkenswert, daß einer der ersten Wagen mit Vorderradantrieb (Lenkradantrieb) von der Firma Gräf & Stift in Wien schon 1898 bis 1899 gebaut wurde. Der Wagen (Abb. 7

und 8), dessen Lenkradantrieb mittels Kardangelenk besonders auf Abb. 8 deutlich
erkennbar ist, stand bis zum Jahre 1914 in Verwendung. Dieser Wagen befindet
sich auch im Technischen Museum.

Abb. 7 und Abb. 8. Gräf & Stift Wagen mit Vorderradantrieb.

Als im Laufe der weiteren Entwicklung sich eine Standard-Bauart für die Wagen
mit Verbrennungsmotor herausgebildet hatte, führten die nunmehr gleichgerichteten
Bestrebungen einer ganzen Welt von Konstrukteuren und Technikern zu einer
sprunghaften Erhöhung der Leistungsfähigkeit der Kraftwagen.

Es war ein Ruhmesblatt der österreichischen Kraftwagenindustrie, daß sie auch in diesem Zeitabschnitt des schwersten Ringens um die technische Höchstleistung eine Wagentype schaffen konnte, die der gesamten internationalen Konkurrenz klar überlegen war: Den „Prinz-Heinrich-Wagen" der Öst. Daimler - Motoren - Gesellschaft, wieder eine Konstruktion Dr. PORSCHES,

Abb. 9. Subventions-Type.

der die ersten drei Plätze bei der internationalen Prinz-Heinrich-Fahrt 1910 besetzte.

6. Die große Bedeutung der Kraftfahrzeuge für das Transportwesen im Krieg
und im Frieden veranlaßte die Heeresverwaltung und die Zivilverwaltung zur
Förderung des Baues von Nutzwagen, die den besonderen Bedürfnissen dieser
Dienstzweige entsprachen. Dabei sollte aber die Leistungsfähigkeit und die Verwendungsfähigkeit eines großen Wagenparks von der Verschiedenheit der Fabrikate
möglichst unabhängig gemacht werden.

So wurde von der Heeresverwaltung für Wagen bestimmter Bauart, die den militärischen Bedürfnissen entsprachen, an jene Privaten, die solche Wagen erwarben, ein Anschaffungsbeitrag — Subvention — gezahlt. Diese „Subventionslastzüge" waren für eine Nutzlast von 7 Tonnen (4 Tonnen am Zugwagen, 3 Tonnen am Anhänger) bestimmt. Zur Überwindung besonders schwieriger Terrainstellen war der Zugwagen mit einer Differentialsperre und an seiner Vorderseite mit einer vom Motor aus anzutreibenden Seilwinde ausgestattet, mit Hilfe deren sich der Wagen nach Befestigung des Drahtseils an einem festen Punkt (z. B. an einem Baum), selbst über steile Böschungen hinaufwinden konnte. Diese „Subventionstype" wurde vom 9. Oktober bis 11. November 1911 auf der „ersten österreichischen Militärprüfungsfahrt für kriegsbrauchbare Subventionslastzüge" einer scharfen, über schlechte und schwierige Alpenstraßen führenden Prüfung unterzogen. Ein Wagen dieser Bauart (Abb. 9) befindet sich im Technischen Museum.

Abb. 10. Posteinheits-Type.

Dem gleichen Bestreben, die Verwendungsfähigkeit und die Betriebsökonomie eines großen Wagenparks von der Verschiedenheit der Fabrikate unabhängig zu machen, verdankte auch die „Posteinheitstype 1912" (ein 17 bis 22sitziger Omnibus) ihre Entstehung. An ihrer Herstellung in einer für die seinerzeitigen Verhältnisse großen Serie von 100 Stück wurden alle sieben Automobilfabriken des damaligen Österreich in der Weise beteiligt, daß jede Fabrik nur eine Organgruppe wie Motor, bzw. Hinterachsbrücke, bzw. Getriebe mit Kupplung usw., in 100 Stücken zu liefern hatte, während die Montage der Wagen durch die Werkstätte der Post selbst erfolgte (Abb. 10).

7. Mit der Höchstleistung im Bau von Rennwagen (Prinz-Heinrich-Wagen) und mit den Höchstleistungen im Bau schwerer Kraftwagen während des Krieges (C-Züge, Austro-Daimler-Landwehrzug) war die so erfolgreich aufsteigende Entwicklung der österreichischen Kraftwagenindustrie auf einem Höhepunkt angelangt. Die weitere Entwicklung war in der Nachkriegszeit nicht nur durch den allgemeinen wirtschaftlichen Niedergang beeinträchtigt, sondern auch dadurch, daß in der alten österreichischen Automobilindustrie, der ihr Ruf über das Geschäft ging, vorübergehend Inflationsgrößen Einfluß gewannen, die zum Schaden der österreichischen Automobilindustrie erste Kräfte zur Abwanderung veranlaßten. Daß trotz allem die österreichische Automobilindustrie die Krisenzeit innerlich ungebrochen überstand, zeugt für ihre Lebenskraft und berechtigt für ihre Weiterentwicklung im nationalsozialistischen Staat, der die Förderung des Kraftfahrwesens bis zum Volkswagen auf seine Fahne schrieb, bei planvoller Ausnutzung ihrer Leistungsfähigkeit zu schönen Hoffnungen.

Geschichte einer der ältesten Industriestätten: Treibach in Kärnten.

Von

Generaldirektor Dr. **Franz Fattinger,** Treibach.

Mit 2 Abbildungen.

Grundlage der Entwicklung der Industrie an dieser Stelle war der Hüttenberger Erzberg, den schon die Kelten und anschließend die Römer ausbeuteten; das norische Eisen war weltbekannt und ein Ausfuhrartikel in den Orient. Manche Damaszener-

Abb. 1.   Treibach im Jahre 1680.
Aus: J. W. Valvasor, Topographia Archiducatus Carinthiae, 1688.

klinge mag aus Hüttenberg stammen. Alte Stollen, die eingestürzt sind und uns Kunde von Unglücksfällen im Altertum geben, lassen uns heute noch Münzen und Werkzeuge finden, als Beweis der bergbaulichen Tätigkeit bis in die Zeiten vor Christi. Ludwig der Fromme schenkte im 9. Jahrhundert den Erzberg an das Bistum Salzburg und König Otto schenkte im Jahre 953 die Gegend von Treibach und Althofen dem Erzbischof von Salzburg. Das diesbezügliche Schriftstück führt an: „Ein uns gehöriges Gut im Krappfeld, und zwar einen Hof und eine Burg mit allem Zubehör, als da sind Leibeigene beiderlei Geschlechts, Almen, Huben, Wohnhäuser, Wälder, Wiesen, Weiden, Weingärten, Gewässer mit ihren Abflüssen, Mühlen, Wegen und Umwegen, bebaute und noch unbebaute und noch aufzufindende Triften und was immer nach Recht und Herkommen in jedem genannten Hof in verschiedenen Gegenden gehören mag, in welcher Grafschaft es auch gelegen sei." Das Bistum Salzburg war Besitzer von Althofen und Hüttenberg und der Gegend von Treibach. Die Landeshauptstadt war St. Veit und die Herzöge von Kärnten begünstigten selbstverständlich St. Veit als ihre Einkommensquelle; es war ihnen daher das Stapel- und Niederlagsrecht, welches die Salzburger Bischöfe den Althofener Bürgern verliehen hatten, ein Dorn im Auge. Die Salzburger Bischöfe betrieben also damals schon bewußt protektionistische Handelspolitik, indem sie die St. Veiter als „Ausländer" ausschalten wollten. Die Hüttenbesitzer am Erzberg waren natürlich auch gegen die Ketten, die ihnen die Althofener durch ihre Privilegien auferlegten. So war immer Streit zwischen St. Veit und Althofen, der durch den Umstand, daß im Jahre 1481 die Landeshoheit faktisch und im Jahre 1534 auch de jure an die habsburgischen Landesherren fiel, zugunsten St. Veit entschieden wurde. Die Althofener waren dadurch gezwungen, selbst die Eisenerzeugung aufzunehmen, da das Stapel- und Niederlagsrecht entwertet war. Im Jahre 1572 wurde die Stuckhütte erbaut und damit in Treibach der Beginn einer Industrie gelegt. Ein Eisenhandelsherr in Althofen, Karl Fellner, war der tatkräftige Schöpfer und erweiterte die Stuckhütte im Jahre 1606 auf einen Floßofen, d. i. auf den Hochofenbetrieb. Während bei der Stuckhütte Wasserräder statt Hand- und Tretblasbälgen verwendet werden und Erz und Kohle abwechselnd aufgegeben wird, und nach dem Niederschmelzen einer bestimmten Erzmenge „an der Brust" der alte Stuckofen, auch „Wolfsofen" genannt, aufgebrochen werden mußte, um das „Stuck" — oder den „Wolf" herauszureißen, das „Stuck" oder der „Wolf" war dann die Handelsware, entwickelten sich mit der Verbesserung des Gebläsebaues die Hochöfen, und zwar durch Vergrößerung des Ofeninhalts, Erhöhung der Schmelzsäule unter Einführung von Winddüsen in das „Gestell". Es wurde dadurch eine kontinuierliche Arbeit ermöglicht, welche den „Floßofen" viel billiger gestaltete als den Stuckofen. Die Besitzer hießen Radmeister und der Hüttenmeister war der Plahmeister. Unter verschiedenen Nachfolgern Fellners entwickelte sich das Werk immer weiter und wurde 1698 durch die Witwe des letzten Besitzers an den Leobener Gewerken Karl v. Egger um 20.000 Gulden verkauft. Die Familie Egger brachte außergewöhnlichen Aufschwung in das Treibacher Werk und blieb bis 1869 Besitzer. Insbesondere Taddäus v. Egger, welcher 1753 die Leitung übernahm, war ein Industrieller von außergewöhnlicher Begabung. Er sprach italienisch, englisch und französisch, kannte England und Schweden und schickte seinen Sohn nach England, um in den dortigen Eisenwerken zu arbeiten und seine Erfahrungen in Treibach anzuwenden. Er errichtete ein Stahlwerk, ein Walzwerk, Schneidewerke und ein Weißblechwerk. Die jährliche Erzeugung stieg auf 20.000 „Blattln". Egger wurde 1785 von Kaiser Joseph in den Grafenstand erhoben. 1799 übergab er das Werk seinem Sohn Franz, unter dem ein neuer Hochofen am rechten Gurkufer errichtet wurde. Diesem folgte sein Sohn Gustav Egger, und immer weiter steigerte sich die Erzeugung, so daß sie 1869 21 Tonnen im Tag betrug. Die Treibacher Werke galten als die besteingerichtete Eisenindustrie, und englische Studienkommissionen kamen, um diese zu besichtigen. Aber es beginnt nunmehr der Niedergang, hervorgerufen durch den Verlust der italienischen Provinzen Österreichs und durch die Entwicklung der Eisenbahnen, welche den Abtransport der Erze an Werke, die Koks an Stelle von Holzkohle verarbeiten, ermöglichte. Die Einführung von Koks statt von Holzkohle hatte höhere Temperaturen zur Folge und damit die Herstellung flüssigen Eisens, während die alten Verfahren teigige Ware erzeugt hatten; insbesondere das Thomaseisen machte große Konkurrenz. Sowohl die Grafen EGGER, als auch andere Eisengewerke, wie Baron DICKMANN, Graf CHRISTALLNIGG, die Gewerken ROSTHORN und RAUSCHER, welche alle die Erze des Hüttenberger Erzbergs verhütteten, gründeten, um besser konkurrieren zu können, 1869 die Hüttenberger Eisenwerks Gesellschaft A. G.; 9 Millionen Gulden wurden in Aktien ausbezahlt. Aber der Niedergang war nicht aufzuhalten, wenn auch manchmal geringe Besserung die Hoffnung auf Weiterbestand gab. Noch 1873 wurden 8% Dividende bezahlt, und die Werke hatten in all ihren Fabrikanlagen 8523 Beschäftigte. Aber schon 1880 war es notwendig, 2 Millionen Gulden pfandrechtlich sicherzustellen, was die schlechte Geschäftslage beleuchtet. 1881 erfolgte der Zusammenschluß mit der Innerberger Union zur Alpine Montangesellschaft. 1885 wurde schon erklärt, daß die Werke Hieflau und Zeltweg als Kokshochöfen rationeller arbeiten und es wurde der Hochofenbetrieb eingestellt. 1891 erfolgte der Verkauf der Werkanlagen samt dem großen Grundbesitz an eine ungarische Holzfirma, UJLACKI-HIRSCHLER, nachdem schon 1888 der größte Teil der Werkeinrichtungen verschrotet worden war. 1897 erwarb der bekannte österreichische Chemiker und Erfinder AUER VON WELSBACH das Werk Treibach und den größten Teil des Grund- und Waldbesitzes. Unter Benutzung der vorhandenen Werkbauten, durch Ausbau der Wasserkräfte, durch den Bau von chemischen Versuchsanstalten und Laboratorien, legte AUER VON WELSBACH den Grund der neuen Entwicklung der Treibacher Industrie.

Frischer Geist und neues Leben wurden der alten Industriestätte zugeführt. AUER VON WELSBACH, der Erfinder des Gasglühlichts, der Osmiumlampe und des Cereisens, und der Entdecker von vier neuen Elementen, hat den wirtschaftlichen Erfolg des Gasglühlichts, das in Atzgersdorf und in vielen ausländischen Fabriken industriell ausgewertet wurde, zum Ankauf eines großen Grundbesitzes in Kärnten und zum Erwerb der Treibacher Chemischen Werke und deren Ausbau verwendet. Zuerst war Treibach ein der Forschung gewidmetes großes Laboratorium mit einer Versuchsanstalt zur Ausarbeitung neuer Erfindungen. AUER VON WELSBACH schuf dort die Osmiumlampe, welche die Entwicklung der Beleuchtung in neue Bahnen lenkte und, aufbauend auf den Arbeiten von THENARD und DAVY, GROVE, CHAUVIN, EDISON, stattete er die Glühlampe so aus, daß sie dem von AUER selbst erfundenen Glühlicht erfolgreiche Konkurrenz machen konnte und in ihrer Weiterentwicklung weit überflügelte. Sein Ziel war, ein Metall zu finden, das in Gestalt eines dünnen elastischen Fadens oder Drahtes eine bis zur strahlenden Weißglut gehende Erhitzung ohne Formveränderung auszuhalten imstande war. Durch das sogenannte „Pasteverfahren" gelang es AUER VON WELSBACH, Drähte des hochschmelzbaren Metalls Osmium zu erzeugen, und diese zur Herstellung von Glühlampen erfolgreich zu verwenden. Die Osmiumlampenpatente wurden von der Österr. Gasglühlicht- und

Elektrizitätsgesellschaft übernommen, der Wattverbrauch gegenüber den bekannten Lampen war weniger wie die Hälfte, je Kerzenstärke nur 1,5 Watt gegenüber 3,5 der Kohlenfadenlampe. Dabei war die Lebensdauer wesentlich länger, bis zu 5000 und 6000 Brennstunden. AUER VON WELSBACH hatte sich die erreichbaren Vorräte an Osmium gesichert. Die Osmiumlampe wurde dann 1906 von der Firma Westinghaus, Metallfadenglühlampenfabrik, übernommen. Sie wurde durch die Wolframlampe übertroffen und abgelöst, welche hauptsächlich durch die Patente JUST und HANAMANN, später KUSCHEL, entwickelt wurde. Die Ursache, daß AUER Osmium und nicht Wolfram seinen Versuchen zugrunde gelegt hatte, war darin zu suchen, daß die damaligen Handbücher dem Osmium einen höheren Schmelzpunkt als dem Wolfram zuschrieben. Der Verkauf der Schutzrechte der Osmiumlampe war für Treibach sehr ungünstig, denn bei Weiterarbeit an dieser Erfindung wäre sicherlich in den Treibacher Werken eine große Glühlampenindustrie entstanden.

AUER VON WELSBACH wendete sich daraufhin einer neuen Aufgabe zu, die darin bestand, für die großen bei der Gasglühlichtfabrikation abfallenden Cer-Rohmaterialien, den sogenannten „Bergen", eine Verwertung zu schaffen. Bei diesen Arbeiten entdeckte er die Eigenschaft des von ihm hergestellten Cermetalls, mit spanabreißenden Werkzeugen leicht Funken zu geben. Er fand, daß diese Eigenschaft nicht dem reinen Cermetall zukomme, sondern auf Beimengungen beruhe; durch Erhöhung des Gehalts an diesen Beimengungen, vornehmlich Eisen, gelang es ihm, Cereisenlegierungen zu schaffen, deren Verwendung zu Zünd- und Leuchtzwecken er vorschlug und welche heute als Cereisen die Grundlage der Feuerzeugindustrie bilden.

Das Gasglühlicht benötigte als Rohstoff Thoriumoxyd. AUER VON WELSBACH verwendete zuerst nordische Erze, ließ dann in aller Welt nach Thoriummineralien suchen, und im Monazitsand, zuerst in USA., dann in Brasilien und später in Indien, wurde eine reichliche Quelle für die Versorgung mit „seltenen Erden" gefunden. Der Monazitsand kommt zusammen mit Zirkon- und Titansand (Ilmenit) im Urgestein vor, und zwar in sehr geringen Mengen. Durch die Atmosphärilien wird das Urgestein zerkleinert, durch Bach und Fluß fortgetragen und als Sand abgesetzt. Es gibt nun Küstenstrecken, wo durch Ebbe und Flut in jahrtausendelanger Arbeit eine kostenlose Aufbereitung stattgefunden hat, indem die schwereren Teilchen von den leichteren durch Wegschwemmen der letzteren getrennt wurden. Derartige Küstenstrecken fanden sich in Brasilien und Indien. Dort wurde dieser Rohsand gewonnen und durch magnetische Aufbereitung in den Monazitsand, den Zirkonsand und den Ilmenit getrennt. Jedes dieser drei Rohmaterialien bildet die Grundlage von neuen Industrien. Der Monazitsand für die Gasglühlicht-Cereisen-Mesothor-Industrie, der Zirkonsand für die Emailindustrie und die Industrie feuerfester Materialien, und Ilmenit die Grundlage für Titanweiß und die Ferrotitanindustrie. Die Gasglühlichtindustrie verwendete große Mengen Monazitsand, um ihren Thorbedarf zu decken. Tausende Tonnen von rohem Cersulfat sammelten sich in Halden. Durch die Erfindung des Cereisens war für diese Halden nunmehr eine lohnende Verwertung gegeben. Diese Halden wurden nach Treibach geschafft und dort industriell auf Cerchlorid umgearbeitet und dieses wieder durch Schmelzelektrolyse auf Cermetall verarbeitet, welches mit Eisen legiert das Cereisen bildet. Die Cereisenindustrie und mit ihr die Feuerzeugindustrie, entwickelte sich in Treibach zu einer auf dem

Weltmarkt achtunggebietenden Größe. In vielen Ländern wurde versucht, Umgehungspatente zu schaffen und die Erfindung Auers nachzuahmen. Daß es Umgehungspatente waren, erwies sich aber am besten, als vor etwa 15 Jahren, bei Ablauf der Auer-Patente, sich alle anderen Erzeuger auch auf das Auersche Cereisen einstellten. Feuerzeuge werden heute in Wien erzeugt und durch die Treibacher Chemischen Werke, welche die führende Weltfirma in Feuerzeugen sind, in allen Erdteilen vertrieben. Die jährliche Welterzeugung an Cereisen beträgt zirka 150.000 kg, wovon Treibach ein Drittel erzeugt.

Als zweites, auch den Monazitsand als Grundstoff verarbeitendes Gebiet, entwickelte sich in Treibach die Herstellung des Mesothoriums, und, da die Verfahren der Herstellung ganz gleich sind, daran anschließend die Herstellung des Radiums. Diese Industrie ist in den letzten Jahren in Treibach so weit entwickelt worden, daß Treibach heute in der Lage ist, jährlich etwa 10 Gramm Radium und Mesothorium zu erzeugen. Damit ist Treibach an die dritte Stelle der Weltproduktion an radioaktiven Elementen gerückt. Die Verwendung des Radiums erfolgt hauptsächlich in der Medizin, die des Mesothoriums hauptsächlich für die Leuchtfarbenindustrie. Die Schwierigkeit der Herstellung hat zwei Hauptursachen, erstens muß man aus den Erzen, welche Radium oder Mesothorium enthalten, mehr als 99,999% der Substanz abscheiden, und erst was dann übrig bleibt, sind die Radium- oder Mesothoriumkonzentrate. Zweitens ist die Strahlung dieser Elemente, wenn sie zu konzentriert ist, äußerst gefährlich für die Gesundheit der Beschäftigten. Es müssen daher alle Angestellten dieser Abteilung ständig unter ärztlicher Kontrolle stehen und außerdem müssen alle Vorsichtsmaßregeln getroffen werden, daß nicht zu hohe Konzentrationen der Strahlen auf die Beschäftigten einwirken. Der Preis des Radiums ist in den letzten Jahren stark gefallen, von etwa 60 Golddollar im Jahre 1932 auf 25 Papierdollar je Milligramm.

Eine dritte Neuindustrie entwickelte sich in Treibach auf Grund billiger elektrischer Energie aus Wasserkräften und führte anschließend an die Erzeugung des Cereisens zur Entwicklung der Treibacher Chemischen Werke als elektrochemisches Unternehmen. Anfangs 1915 im Weltkrieg wollte die Firma Gebrüder Böhler & Co. A. G. Ferrolegierungen in Österreich erzeugen lassen, da die Absperrung vom Weltmarkt die Bedarfsdeckung beinahe unmöglich machte. In Treibach waren vorher schon Verfahren zur Erzeugung von Ferromolybdän ausgearbeitet worden, und so konnte Treibach nachweisen, daß diese Fabrikation schon beabsichtigt und vorbereitet war und es wurde sofort an die Werke in Treibach die Umarbeitung von Molybdänerzen übergeben. Bei der Bedeutung des Edelstahls für die Munitionserzeugung war die Erzeugung des für Edelstahl nötigen Ferromolybdäns sehr wichtig. Von weitaus größerer Bedeutung wurde noch die nach dem Krieg aufgenommene elektrochemische Herstellung von Ferrowolfram. Trotz fehlendem Zollschutz gelang es, die Fabrikation der Ferrolegierungen auszubauen. In Ferrowolfram ist Treibach in der Lage, jedes benötigte Quantum herzustellen und die Qualität entspricht allen Anforderungen, ist vielleicht die beste am Markt. Die Herstellung des Ferrowolframs geschieht so wie die des Ferromolybdäns im Elektroofen in Einheiten bis zu 1500 Kilowatt Energieverbrauch. Die Schwierigkeiten dieser Fabrikation liegen hauptsächlich in der außergewöhnlichen Reinheit, die von der verarbeitenden

Stahlindustrie gefordert wird. Die Herstellung ist auch nur möglich, wenn die Wirtschaftlichkeit durch äußerst geringe Energiekosten gegeben ist. Als dritte Ferrolegierung für die Edelstahlfabrikation wird in Treibach Ferrovanadium erzeugt. Die Herstellung des Ferrovanadiums erfolgt aluminothermisch. Das Produkt ist relativ hochwertig. Eine weitere Ferrolegierung, die in Treibach erzeugt wird, ist Ferrochrom, das hauptsächlich zur Erzeugung rostfreien Stahls dient. Ferrochrom wird in den verschiedensten Kohlungsstufen erzeugt und es sind in Treibach alle Vorarbeiten gemacht, um auch die reinsten Sorten, d. h. die kohlenstofffreiesten, zu erzeugen. Studien, um auch Ferrotitan, Vorarbeiten, um auch Ferrotantal und Ferroniob, Ferrozirkon und andere von der Stahlfabrikation geforderte Legierungen zu erzeugen, sind im Gange.

Für alle Ferrolegierungen ist das Kennzeichnende, daß die Erze, da meist überseeisch, schwer zu beschaffen sind; z. B. kommen die Molybdänerze hauptsächlich aus Nordamerika, Wolframerze hauptsächlich aus China, Vanadiumerze aus Südafrika, und daher ist die Sicherung der Rohstoffbasis von außergewöhnlicher Bedeutung für die Entwicklung der Industrie. Nur bei Chrom liegt die Situation etwas besser, da Chromerze aus Kleinasien, Rußland, Brasilien und vielen anderen Ländern der Welt leicht erhältlich sind. Die Herstellung der Ferrolegierungen für die Edelstahlfabrikation erfordert außer der billigsten elektrischen Energie langjährige Erfahrungen, um die Reinheit, die die Marktfähigkeit bedingt, erzielen zu können, und erfordert außerdem enge Verbindungen mit den Erzsuchern und Erzverkäufern.

Die Herstellung von Chemikalien auf elektrochemischer und elektrothermischer Grundlage, also wieder zur Ausnutzung billiger elektrischer Energien, wird auch in einigen Versuchsabteilungen betrieben. Die Treibacher Chemischen Werke haben seit einigen Jahren auch alles daran gesetzt, um trotz großer Kosten dem Obst- und Weinbau, Getreide- und Gemüsebau und der Forstwirtschaft billige einheimische, gleich wirksame Mittel als die vom Ausland bezogenen, an Hand zu geben. Auch für die Schädlingsbekämpfung in der Viehzucht werden wirksame Präparate erzeugt. Mehr als 30 verschiedene, erprobte Treibacher Pflanzenschutz- und Viehschutzmittel gewinnen immer mehr an Anerkennung und Verbreitung. Insbesondere sind es Derris- und Pyrethrum-Konzentrate, welche die Grundlage eines Teiles der Treibacher Pflanzenschutz- und Viehschutzmittel bilden, weil sowohl das Rotenon, der wirksame Stoff der Derriswurzel, und das Pyrethrum, der wirksame Stoff der Pyrethrumblüten, die Eigenschaft haben, Warmblütlern beinahe nicht zu schaden, und dagegen Kaltblütlern, insbesondere Insekten, den Tod zu bringen. Arsenpräparate als Fraßgifte, Quecksilberpräparate als Beizmittel, Schwefel- und Kupferpräparate als Stäube- und Spritzmittel, werden in verschiedenster Art verwendet und von Treibach aus auf den Markt gebracht. Die Treibacher Chemischen Werke betreiben selbst in größerem Umfang Landwirtschaft und Viehzucht, ebenso Forstwirtschaft, und sind somit in der Lage, alle ihre Präparate in größtem Umfang auszuprobieren und nur die erprobtesten Erzeugnisse auf den Markt zu bringen. Die Treibacher Werke sind in Kärnten führend in der Pferde- und in der Rinderzucht, und auch im Getreidebau sind schon viele Male Fortschritte erzielt worden.

Die Treibacher Industrie besitzt weiters einen Hoffnungsbergbau im Gailtal, und zwar auf Blei und Zink, im größten Ausmaß der Schurfrechte. Die natürliche Fortsetzung des Bleiberger Erzberges gibt dort günstige Aussichten für die Zukunft.

Außerdem wird von der Firma zur Verwertung eines der größten Tonlager Kärntens, in Farchenhof bei Klagenfurt, derzeit eine Ziegelei, welche zur Tonwarenfabrik ausgebaut werden soll, betrieben. Ferner stehen der Firma größere Wasserkräfte zur Verfügung, wovon sie derzeit 7000 PS in Form elektrischer Energie bei

Abb. 2. Treibach im Jahre 1800.

günstigen Zeiten ausnutzt. Der Ausbau der Wasserkräfte bis auf 30.000 PS, insbesondere als Spitzendeckung für die gesamte Kärntner Energiewirtschaft, ist geplant und die zu diesem Zweck geschaffene Mühldorfer Wasserkraftwerke A. G. ist im vollen Besitz der Treibacher Chemische Werke A. G. — Diese hat außer den Fabrikanlagen in Treibach auch eine Elektrohütte in Seebach bei Villach, eine Fabrik am Niagarafall, welche Cermetall herstellt, Elektrizitätswerke in Treibach, im Gail-, Möll- und Liesertal, Niederlagen in Wien und New York, sowie Vertretungen in den meisten Staaten.

Über 20 Akademiker arbeiten an Forschungsarbeiten und an der Betriebsführung, mehr als 60 Beamte an der Verwaltung und Fabrikation und ungefähr 300 Arbeiter sind in den übrigen Anlagen beschäftigt.

Der Anschluß an das deutsche Vaterland hat die Entwicklungsmöglichkeiten der Treibacher Chemischen Werke außergewöhnlich erhöht, und freudig und dankbar arbeiten daher Betriebsführer und Gefolgschaft im Sinne Auers von Welsbach, immer forschend und Neues schaffend, hoffentlich erfolgreich, bestrebt, zur Ehre und zum Wohlstand Großdeutschlands beizutragen.

Das Werden des Kärntner Bleiweißverfahrens.

Von

Ing. Dr. **Franz Sedlacek**, Wien.

Mit 8 Abbildungen.

Unter den Farben, die nicht mehr oder weniger gebrauchsfertig als Erden vorgefunden, sondern erst durch chemische Operationen hergestellt werden, unter den künstlichen Farben also, zählt das basisch kohlensaure Blei oder Bleiweiß zu den ältesten. Aus den frühesten Nachrichten über das Bleiweiß geht hervor, daß es als Schminke benutzt wurde. THESPIS, der sagenhafte Schöpfer des griechischen Theaters, soll, ehe er die Theatermaske erfand, die Züge des Schauspielers durch Schminken mit Bleiweiß unkenntlich gemacht haben.[1] ARISTOPHANES, um 400 v. Chr., erwähnt in seiner Komödie „Frauenherrschaft" das Bleiweiß als Schminkmittel,[2] während athenische Gräberfunde, die aus dem 3. Jahrhundert v. Chr. stammen, zeigen, daß die Farbe in Form runder Plätzchen in den Handel kam.[3] In OVIDS fragmentarisch erhaltenem Gedicht „Über die Schönheitsmittel" heißt es: „Bleiweiß fehle dir nie, noch Schaum vom rötlichen Nitrum".[4] Der römische Epigrammatiker MARTIAL aber kritisiert die Sitte des Schminkens mit Bleiweiß: „Lycoris, deren Gesicht eine schwärzere Farbe hat als die Maulbeere, wenn sie vom Baume fällt, dünkt sich schön, wenn sie das Gesicht mit Bleiweiß bedeckt",[5] und ähnlich urteilt noch einundeinhalb Jahrtausende später der berühmte italienische Renaissance-Ingenieur BIRINGUCCIO: „Besonders die Frauen müssen dem Blei sehr dankbar sein, denn es läßt sich künstlich in weiße Farbe verwandeln, die, als Schminke aufgetragen, ihren angeborenen dunklen Teint ganz verdeckt. So können sie das Auge der einfältigen Männer täuschen und sehen statt schwarz weiß aus und statt abscheulich, wenn nicht schön, so doch mindestens weniger häßlich."[6] Ja, noch die französische Enzyklopädie berichtet um 1770 über die Verwendung von Bleiweiß

---

[1] BIELER in PAULY-WISSOWAS „Realencyclopädie der klass. Altertumswissenschaften" (2. Serie I A ff 2073), nach v. LIPPMANN, Entstehung und Ausbreitung der Alchemie, 2. Bd., S. 58, Berlin 1919.

[2] ULLMANN, Enzyklopädie d. techn. Chemie, 2. Bd., S. 680, Berlin—Wien 1915.

[3] NEUBURGER, Die Technik d. Altertums, S. 122, Leipzig 1919.

[4] v. LIPPMANN, Abhandlungen und Vorträge, I, S. 128, Leipzig 1906. Aphronitron oder Schaumnitron, ein kosmetisches Mittel des Altertums, war die in Ägypten gefundene natürliche Soda. Sie war wohl durch Eisensalze gelbrötlich gefärbt.

[5] NEUBURGER, Die Technik des Altertums, S. 122, Leipzig 1919.

[6] BIRINGUCCIO, Pirotechnia. Übers. und erläutert v. OTTO JOHANNSEN, S. 60, Braunschweig 1925.

als Puder und schildert die Methode, nach der es die Putzkrämerinnen an dem Bleideckel eines Essig und Perlgraupen enthaltenden Gefäßes, das an einem warmen Ort aufgestellt wird, gewinnen.[1]

Aus einer Angabe Plinius' scheint übrigens hervorzugehen, daß die Bleiweißschminke, zumindest des römischen Altertums, nicht rein weiß, sondern wohl rötlichweiß war. Man verstand diese Tönung durch Erhitzen von Bleiweiß, also durch teilweise Überführung in Oxyd, zu erreichen.[2]

Das Bleiweiß wurde von den Griechen „psimmythion", von den Römern „cerussa" genannt, die arabischen Gelehrten bezeichneten es mit dem persischen Lehnwort „îsfîdatsch", d. h. weißes Wasser.[3] Im Mittelalter scheint man auch mit dem Namen „Lithargyrum", der später für Glätte gebraucht wurde, Bleiweiß gemeint zu haben, auch die Bezeichnung „flos plumbi", Bleiblume, kommt vor.

Über die Zubereitung der Farbe Bleiweiß haben uns Theophrast sowie Vitruvius, Dioskorides und Plinius ziemlich übereinstimmende Angaben hinterlassen. Nach ihnen goß man starken Essig in Töpfe und bedeckte diese mit Bleiplatten oder hängte die Platten über dem Essig in den Gefäßen auf, die sodann verschlossen wurden. Die Säuredämpfe griffen das Metall an, Feuchtigkeit und Kohlensäure bewirkten die Bildung des basischen Karbonats. Dioskorides bemerkt, daß im Winter künstliche Erwärmung nötig sei. Nach längerem Stehen waren die Bleche in Bleiweiß verwandelt. War dies nur unvollständig geschehen, dann kratzte man den vorhandenen Belag ab und wiederholte den Prozeß. Das Bleiweiß wurde zerrieben, gesiebt und mit Wasser gewaschen,[4] hierauf in Kügelchen geformt und getrocknet. Das beste Bleiweiß soll in Rhodos hergestellt worden sein.[5]

Da der gleiche Prozeß, mit Kupfer statt mit Blei durchgeführt, ebenfalls eine Farbe ergibt, den Grünspan, findet man diese beiden Farben bei alten Schriftstellern häufig zusammen beschrieben.

Die Umwandlung von Bleiweiß in Mennige, „gebranntes Bleiweiß", durch Erhitzen soll nach Plinius durch einen Zufall gefunden worden sein, nämlich anläßlich eines Brandes im piräischen Hafen, wo einige Gefäße mit Bleiweiß lagerten.[6]

In den spärlich erhaltenen Dokumenten der ägyptisch-hellenistischen Chemiker, sowie in den Schriften der ihren Gedankengängen folgenden arabischen Alchemisten wird das Bleiweiß immer wieder genannt. Galt doch diesen Gelehrten das Metall Blei, das sich ebensowohl in schwarzes Schwefelblei wie in leuchtendes Bleiweiß, in gelbe Glätte und in rote Mennige verwandeln ließ, als eine Art Urstoff, eine materia prima und das Bleiweiß selbst als ein Mittel zur „Leukosis", zur „Weißung"

---

[1] Diderot-d'Alembert, Encyclopédie ou Dictionnaire raisonné..., 2., S. 260, Livourne 1771.

[2] Plinius, Naturgeschichte, 34. Buch, 54. Kap.

[3] v. Lippmann, Entstehung und Ausbreitung der Alchemie, S. 386, Berlin 1919.

[4] wodurch das essigsaure Blei entfernt wurde.

[5] Theophrast, Über die Steine, 56. — Vitruv, Über Architektur, 7. Buch, 12. Kap. — v. Lippmann, Die chem. Kenntnisse des Dioskorides. Abhandlungen u. Vortr., I, S. 56, Leipzig 1906. — Plinius, Naturgeschichte, 34. Buch, 54. Kap. — Blümner, Technologie der Antike, 4., S. 471—473, Leipzig 1886.

[6] Plinius, Naturgeschichte, 34. Buch, 54. Kap.

der Metalle, d. h. zu ihrer Verwandlung in Silber. Die arabischen Alchemisten beschreiben im wesentlichen das gleiche Verfahren wie die römischen Autoren, durch welches das Bleiweiß mittels Essig „aus dem Blei herausgezogen" werde.[1] In ihren Schriften befindet sich auch bereits die Angabe, daß die Töpfe in Dünger gesetzt werden.[2] Damit war nicht nur für gleichmäßige Erwärmung, sondern auch für eine Kohlensäurequelle gesorgt, die die Bleiweißbildung beschleunigen mußte.

Diese Verwendung des Mistbades ist wohl die letzte Verbesserung der Bleiweißbereitung auf viele Jahrhunderte hinaus geblieben. Weder die mittelalterlichen Sammelwerke, wie das des sogenannten HERAKLIUS, des Mönches THEOPHILUS und des französischen Kardinals VITAL DU FOUR, die mehr oder weniger genau die Zubereitung der Farbe beschreiben, noch die späteren Rezeptbücher und sonstigen technischen Werke bis zur großen französischen Enzyklopädie lassen irgendeine nennenswerte Verbesserung des Verfahrens erkennen.

Etwa um 1700 begann man in Holland, Bleiweiß, das bis dahin nur im kleinen erzeugt worden war, nach dem gleichen Verfahren fabrikmäßig herzustellen. Es entstanden Fabriken in Amsterdam, Rotterdam, später auch an anderen Orten Hollands, dann auch in Sheffield in England. Die anderen Länder wurden hauptsächlich von Holland aus mit der unentbehrlichen weißen Farbe beliefert. In Frankreich war in Grenoble eine Fabrik entstanden, die jedoch wenig Erfolg hatte, und noch in den Sechzigerjahren des 18. Jahrhunderts beklagte man in diesem Lande, daß das wichtige Bleiweiß eingeführt werden müsse.[3]

Abb. 1. „Mistlooge" zur Bleiweißbereitung nach dem Holländer-Verfahren.

Aus: „Muspratts Chemie", 1. Bd., S. 1692.

Man hatte zwar das „holländische Verfahren", wie es nun hieß, mit mancherlei Geheimnissen umgeben, es bestand jedoch in der alten Methode, Bleiblech in irdenen Töpfen Essigdämpfen auszusetzen und unterschied sich lediglich durch die Ausführung im Großbetrieb von der althergebrachten Art, Bleiweiß zu bereiten.

Nach einem zeitgenössischen Bericht arbeiteten die holländischen Fabriken etwa folgendermaßen.[4]

In flachen Blechformen, die genau waagrecht aufgestellt waren, goß man rechteckige Bleibleche von etwa 12 × 65 cm Größe und nicht viel mehr als 1 mm Dicke. Diese Bleche wurden spiralig eingerollt, in irdene, innen glasierte Töpfe gesetzt,

---

[1] v. LIPPMANN, Entstehung und Ausbreitung der Alchemie, S. 34, 100, 345, 386, 414, Berlin 1919.

[2] Ebenda 389.

[3] GABRIEL JARS, Metallurgische Reisen.... vom Jahre 1757 bis 1769. Aus dem Französischen übersetzt von Dr. CARL ABRAHAM GERHARD, 4. Bd., S. 967—983, Berlin 1785.

[4] Ebenda.

deren Wandung etwa in halber Höhe Einziehungen hatte, so daß die Bleirolle auf ihnen aufsaß und somit den Boden nicht berührte. Bei Töpfen, die diese Formgebung nicht schon hatten, stützte man das Bleiblech durch ein quergeklemmtes Holz. In den unteren Teil des Topfes goß man Bieressig, den die in Holland überall bestehenden Brauereien lieferten. Die so beschickten Töpfe wurden nun mit etwas stärkeren Bleiblechen zugedeckt, in Reihen auf eine Schicht Mist gestellt, mit Brettern belegt, auf welche dann eine neue Mistlage kam, die die nächste Schicht von Töpfen trug, was fünfmal wiederholt wurde. Die ganze „Mistlooge" wurde durch eine an eine Mauer angebaute kräftige Holzkonstruktion zusammengehalten. Daß diese holländischen Bleiweißfabriken wirklich große Betriebe waren, geht aus dem erwähnten Bericht hervor, nach welchem ein in dieser Weise gefüllter Schuppen 15.000 Töpfe enthielt.

Abb. 2. Johann Michael Freiherr von Herbert, 1726–1806.

Nach einem Ölgemälde.[1]

Nach vier bis fünf Wochen waren die gerollten Bleche ziemlich vollständig in Bleiweiß verwandelt, die Deckplatten jedoch hatten eine harte Bleiweißrinde angesetzt, die auf das sogenannte „Schieferweiß" verarbeitet wurde. Sorgfältig mit Wasser benetzt, um das Einatmen des giftigen Staubes zu verhüten, wurde die weiße Farbe durch Abschlagen vom nichtkorrodierten Metall getrennt, die Bleireste schmolz man wieder ein.

Die Farbe wurde gewaschen, auf besonderen Mühlen naß gemahlen und schließlich in kegelförmigen, unglasierten Tontöpfen in einem luftigen Schuppen getrocknet. Die so entstandenen kleinen Kuchen kamen, mit Papier umhüllt, in den Handel.

Das Verdienst, die erste Bleiweißfabrik in den österreichischen Ländern und zugleich wohl auf deutschem Boden überhaupt errichtet zu haben, gebührt Johann Michael Ritter von Herbert in Kärnten.

Die Familie, auch Herwerts und Herverdes geschrieben, stammte aus Westfalen, wohin sie aus England gekommen war. Der Großvater, Johannes Herbert, der um 1648 im Münsterschen geboren, zu Paderborn das philosophische und zu Padua das medizinische Doktorat erworben hatte,[2] war nach Kärnten eingewandert, hatte zu Villach das landständische Kreisphysikat erhalten, hier geheiratet und damit den kärntnerischen Stamm des Geschlechts begründet. Er starb als ein Opfer seines ärztlichen Berufes zu Villach an der Pest. Sein Sohn Franz Edmund wurde bald nach der Vollendung seiner philosophischen Studien im Jahre 1715 von Karl VI. in den erbländischen Ritterstand erhoben.

---

[1] Die Originale der Bildnisse der Freiherren von Herbert und von E. Herbert-Kerchnawe befinden sich auf Schloß Kirchbichl bei Wolfsberg in Kärnten.

[2] C. v. Wurzbach, Biographisches Lexikon des Kaiserthums Österreich. 8. Theil, Wien 1862, S. 349—350. Nach anderer Angabe erwarb Johann Herbert zu Innsbruck das Doktorat der Medizin. Carinthia, 28. Jg., Klagenfurt 1838, S. 4.

Als dessen Sohn wurde am 2. Oktober 1726 JOHANN MICHAEL RITTER VON HERBERT geboren. Angeleitet durch seinen um ein Jahr älteren Bruder JOSEPH, der, ein vielseitiger Physiker und ausgezeichneter Experimentator, an der damals gegründeten Theresianischen Ritterakademie und später an der Universität zu Wien wirkte, beschäftigte er sich eifrig mit Naturwissenschaften.[1] Auf einer Reise durch Holland und England hat sich HERBERT die Kenntnis der holländischen Bleiweißbereitung und wohl überhaupt die Anregung geholt, in seiner bleierzeugenden Heimat Kärnten die Herstellung dieser wichtigen Weißfarbe aufzunehmen. So errichtete er im Jahre 1756 in Klagenfurt die erste Bleiweiß- und Bleizuckerfabrik seines Vaterlandes.[2] In dieser Fabrik wurden, anfangs nach der alten holländischen Methode, die damals üblichen Bleiweißsorten in Stücken und Broten, sowie auch als Schababfälle oder „Schabach" erzeugt.

Später bürgerte sich in den österreichischen Fabriken die Herstellung von vier Bleiweißsorten ein: „Kremserweiß" hieß das reine Bleiweiß, während „Venezianer Bleiweiß", „Hamburgerweiß" und „Holländerweiß" die Sorten bezeichnete, die mit einem, zwei und drei Teilen Schwerspat verschnitten waren.[3]

MARIA THERESIA erkannte und würdigte die Bedeutung des in ihrem Reich neu begründeten Industriezweiges. Sie besichtigte einst auf der Durchreise das Werk, sie ehrte dessen Gründer, indem sie ihn 1767 in den Freiherrnstand erhob, vor allem aber erteilte sie der Fabrik die wertvolle Begünstigung, das ärarische Blei aus Bleiberg in Kärnten zum Gestehungspreis beziehen zu dürfen.

Abb. 3. Franz Paul Freiherr von Herbert, 1759—1811.

Nach einem Ölgemälde.

---

[1] Vgl. JOSEPH von HERBERT. Biographische Skizze. Carinthia, 28. Jg., Klagenfurt 1838, S. 4—5.

[2] Als Gründungsjahr wird vielfach 1759 angegeben. E. HERBERT-KERCHNAWE (Die Bleiweißfabrikation in Österreich, S. 4) bezeichnet 1756 als urkundlich nachgewiesen. — Dieser Schrift sind auch die meisten der folgenden, sowohl technischen als biographischen Angaben, soweit keine anderen Quellen genannt sind, entnommen.

[3] PRECHTL, Technolog. Encyclopädie, Stuttgart 1830, 2. Bd., S. 462. — Die Herkunft des Namens „Kremserweiß" ist nicht ganz geklärt. Während kurzer Zeit, nämlich von 1774 bis 1786, bestand im Alauntale bei Krems eine Bleiweißfabrik, die „Kremserweiß" herstellte (Dr. HANS PLÖCKINGER, „Der Ruhm des Kremser Namens . . . .", Amtl. Zeitschr. der Wachauer und Waldviertler Ausstellung, 6.—24. Sept. 1924. Sonderfolge der Landzeitung, S. 5). — Nach anderer Ansicht wurde ursprünglich eine bei Krems gefundene weiße Erdfarbe mit diesem Namen bezeichnet, der später auf Bleiweiß überging (E. HERBERT-KERCHNAWE, Die Bleiweißfabrikation in Österreich, S. 4). Die irrige Bezeichnung „Kremnitzerweiß" rührt davon her, daß Mineralogen und Technikern die ungarische Bergwerksstadt Kremnitz bekannter war als die Donaustadt Krems (Dictionnaire technologique ou nouveau dictionnaire universel des arts et métiers. Paris 1823, Artikel „Céruse", S. 289). Venezianer- und Hamburgerweiß waren nicht nach Herstellungsorten, sondern nach den Handelsplätzen so benannt.

Man behielt indessen das alte holländische Verfahren, die „Mistloogen-Kalzination" in Kärnten nicht unverändert bei, sondern trachtete, es zu verbessern. Der älteste Sohn und Nachfolger Herberts war es, der dem Verfahren eine dem Großbetrieb besser entsprechende Form gab.

Franz Paul Freiherr von Herbert wurde am 25. März 1759 zu Klagenfurt geboren. Er betrieb chemische Studien und übernahm 1781 die Klagenfurter Fabrik seines Vaters. Seine eigentümliche Doppelnatur zwischen praktischem Industriellen und philosophiebegeistertem Freund der Musen ließ ihn 1790 seiner Fabrik und Familie den Rücken kehren und nach Jena reisen, wo er, im Kreise Schillers und seiner Freunde, insbesondere des Schwiegersohns Wielands, des Philosophen Reinhold, lebte und sich der Kantschen Philosophie ergab. Im folgenden Jahre aber kehrte er in die Heimat zurück, und nun trat wieder die industrielle Tätigkeit in ihre Rechte. Herbert errichtete 1792 zu Wolfsberg im Lavanttal eine zweite Bleiweißfabrik, in welcher bereits nach der neuen Art gearbeitet wurde.

Die erste wichtige Neuerung betraf den einen der Rohstoffe, den Essig. An die Stelle des sauren Bieres setzte Herbert Obstmostessig, ein Erzeugnis also, das unmittelbar das umgebende Land lieferte. Um aber die Beschaffung dieses Rohstoffs sicherzustellen, erwarb er ein Bauerngut am Fuße der Saualpe und errichtete dort einen großen Obstgarten nebst einer Baumschule, der ersten in jener Gegend.

Welche Bedeutung diese Maßnahmen gehabt haben mußten, geht aus der Angabe hervor, daß trotz der Billigkeit des Obstmosts der jeweils in Tätigkeit stehende „Essigstoff" gerade doppelt so viel kostete, wie die ihm entsprechende Bleimenge.[1]

Das neue Verfahren wurde folgendermaßen betrieben. Man ersetzte die kleinen zerbrechlichen Holländertöpfe durch Gefäße, die einem Großbetrieb besser entsprachen, nämlich stehende, bis zu 600 l fassende Holzfässer mit abnehmbarem Oberboden. Ein waagrechtes Holzkreuz im Innern, etwa in halber Faßhöhe, trug das in dünne, spiralige Streifen geschnittene Blei. Darunter war ein zweites Holzkreuz eingesetzt, das einen geflochtenen Binsenkorb trug, der das niederfallende Bleiweiß aufzufangen hatte. Gegen die Gefahr der Bräunung durch Berührung mit der Faßwand war das Bleiweiß durch ein rundum laufendes, vom Deckel herabhängendes Leinentuch geschützt.

Der untere Teil des Fasses enthielt den gärenden Obstmost, welcher die für die Zersetzung des Metalls nötigen Gase und Dämpfe, Essigsäure, Kohlensäure und Wasserdampf, zu liefern hatte. Ein Fülltrichter nahe über dem Flüssigkeitsspiegel diente zur Ergänzung des Mostes. Ein Faß enthielt etwa 150 l Most und 15 kg Blei.

Die so beschickten Fässer standen in Reihen nebeneinander auf Holzbühnen, die an den Wänden einer langen Stube, der „Kammer", entlangliefen. Die Wolfsberger Fabrik besaß Ende 1794 22 solcher Kammern mit je 60 Fässern. Bei vollem Betrieb entspräche dies einer jeweiligen Verarbeitung von 20.000 kg Blei mit 2000 hl Essig.

Völlig geändert gegenüber dem Holländerverfahren wurde die Art der Heizung. An die Stelle der biologischen Heizmethode des Mistbades trat eine außerhalb der

---

[1] E. Herbert-Kerchnawe, Die Bleiweißfabrikation in Österreich, S. 7, Wien 1898.

Kammer liegende Feuerung mit gemauerten Heizkanälen, die unter den Holzbühnen entlangliefen und die Kammern auf einer Temperatur von 30⁰ C hielten.

Diese Ausschaltung des Mistbades hatte einen großen Vorteil. Da der gärende Mist ja nicht nur Wärme und Kohlensäure lieferte, sondern leicht auch Schwefelwasserstoff hervorbringen konnte, bestand stets die Gefahr der Schwärzung der Farbe durch Sulfidbildung. BERZELIUS gibt an, daß aus diesem Grunde das Holländerbleiweiß nie ganz rein weiß erhalten werde.[1]

Diese neue Methode der Bleiweißbereitung wird in den technologischen Werken zum Unterschied vom alten Holländerverfahren, sowie auch von den späteren Prozessen, dem französischen Niederschlagsverfahren THÉNARDS und dem englischen Verfahren von BENSON und GOSSAGE das Kärntner, österreichische, süddeutsche oder deutsche Verfahren, auch die Stuben- oder Kammerkalzination genannt.

Die holländische Mistloogenkalzination ist ein Beispiel dafür, daß eine kleintechnische Methode, in Großbetrieben durchgeführt, noch kein großtechnisches Verfahren ergibt. Das Beschicken und Entleeren der zahlreichen kleinen, zerbrechlichen Gefäße, ihr Einbau in einen riesigen Misthaufen, in dessen Innern die Temperatur nicht immer zu beherrschen war, da leicht Überhitzungen eintreten konnten, diese Übertragung einer, man könnte sagen, alchemistischen Arbeitsmethode ins Große durch bloße Häufung war kein großtechnisches Verfahren. Dazu mußte der alte Prozeß apparativ und heiztechnisch umgebildet werden und dies hat FRANZ PAUL FREIHERR VON HERBERT mit glücklichster Hand durchgeführt.

Im Jahre 1806 wurde in der Wolfsberger Fabrik dieses Verfahren dadurch vereinfacht und verbilligt, daß man anstatt der stehenden Fässer längliche Holzkisten von 160 zu 40 cm und 30 cm Tiefe einführte. Die wie beim Holländerverfahren gegossenen dünnen Bleitafeln bog man in der Mitte um und hängte sie über hölzerne Stäbe nebeneinander in diese Kisten. Der Boden, durch Ausgießen mit Pech wasserdicht gemacht, enthielt den Obstessig, dem man getrocknete Weinbeeren, Honig, Johannisbrot, Zwetschken u. dgl. zusetzte, zuckerhaltige Stoffe, die einer alkoholischen und somit Kohlensäure liefernden Gärung fähig waren. Diese Kisten wurden in den früher beschriebenen Kammern über dem Heizkanal aufgestellt, auch übereinandergeschichtet, wobei man gehörige Zwischenräume für die Luftbewegung freihielt. Nach PRECHTL dauerte die Bleiweißbildung bei einer Temperatur von 40 bis 50⁰ C 8 bis 10 Tage.[2]

Auch das Gießen der Bleiplatten wurde vereinfacht. Man goß das Blei auf kalte Eisenblechplatten aus, neigte diese, damit der Überschuß wieder abfloß und erhielt so $^{1}/_{2}$ mm dünne, rauhe Bleibleche, die sich gut zur Kalzination eigneten.

Zum Schlämmen der Farbe diente eine hölzerne Kufe, die durch verschieden hohe Scheidewände in mehrere Zellen geteilt war. Das eingegossene Schlämmwasser floß von Zelle zu Zelle über, setzte in jeder Bleiweiß ab, in der ersten das gröbste, in der letzten das feinste.

Als Beimischung zu den gewöhnlichen Bleiweißsorten wurde Kreide und Gips, seit 1806 aber auch Schwerspat verwendet, der sich nunmehr als der geeignetste

---

[1] J. J. BERZELIUS, Lehrbuch der Chemie, übersetzt von WÖHLER, 2. Bd., S. 819, Dresden 1826.

[2] PRECHTL, Technologische Encyclopädie, 2. Bd., S. 460, Stuttgart 1830.

Zusatzstoff erwies. Er wurde aus steirischen und Kärntner Gruben bezogen und in eigenen Spatstampfen gepulvert. Mit solchen Zusätzen wurde das Bleiweiß sodann in besonderen Mühlen zu einer einheitlichen Weißfarbe gemischt. Die Beimischung guten Schwerspats wurde übrigens für die Bleiweißfabrikation von größter Bedeutung, und der spätere Ankauf der Fabrik zu Lavis in Südtirol (1854) ist vor allem um der dortigen reichen Spatlager willen geschehen.

Aber nicht nur das Bestreben nach Verbesserung des Verfahrens führte zur Umgestaltung der Fabriken, auch höhere Gewalten machten den Neuaufbau nötig. 1809 wurde das Klagenfurter Werk von den Franzosen in Brand gesteckt und teilweise zerstört, neun Jahre später äscherte ein Brand die in vollem Betrieb stehende Wolfsberger Fabrik ein.

Eine große Schwierigkeit, mit der die beiden Fabriken während der Franzosenkriege zu kämpfen hatten, war auch die beständige Behinderung des Bleibezuges.

In dieser schweren Zeit, am 13. März 1811, starb zu Triest Franz Paul Freiherr von Herbert. Sein am 30. Oktober 1787 zu Klagenfurt geborener Sohn Albin übernahm die Fabriken.

In den Jahren um 1820 wurde das Kärntner Bleiweißverfahren abermals umgestaltet, ja es wurde eigentlich erst jetzt zum wirklichen Kammerverfahren gemacht, da nun alle die früher verwendeten Gefäße ausgeschaltet wurden und die Kammer selbst das Blei aufnahm.

Ein gemauertes Gebäude mit gewölbter Decke, das im Grundriß 15 × 6 m maß und etwa 5 m hoch war, hatte in einer Höhe von 2 m einen starken, waagrechten Holzboden, der es in zwei Geschosse teilte. Im oberen Raum, dem Bleiraum, hingen auf Latten und Holzgerüsten die Bleiplatten, im unteren Raum standen drei große hölzerne Behälter, die den mit gärfähigen Stoffen versetzten, verdünnten Essig aufzunehmen hatten. Um die Dämpfe in den oberen Raum zu lassen, hatte der Holzboden über den Essigbehältern lange rechteckige Öffnungen. Sie waren mit kleinen Holzdächern überdeckt, damit kein Bleiweiß in die Essiggefäße fallen konnte. Unter den Essigbehältern sorgten ein oder mehrere Kupferkessel für die Beheizung, im Bleiraum hingegen wurde durch einen mit

Abb. 4. Albin Freiherr von Herbert, 1787–1834.

Nach einer Lithographie von Kriehuber.

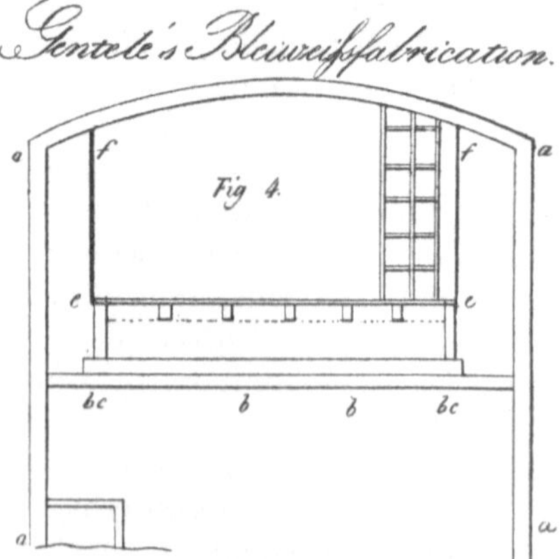

Abb. 5. Querschnitt durch eine Kärntner Bleiweißkammer nach Gentele.

Nach einem Kupferstich in Dinglers Polytechn. Journal, 63. Bd., Jg. 1837. Tafel IV.

Holzkohlen geheizten Kanonenofen, den sogenannten „Herkules", die erforderliche Kohlensäure erzeugt.

An der Längswand der Kammer lief, vom Bleiraum durch eine Bretterwand abgetrennt, ein Gang, von dem aus durch Türen und Fenster das Beschicken und Entleeren der Kammer sowie die Beobachtung des Prozesses möglich war.

In dieser Ausgestaltung, die hauptsächlich ein Verdienst der Werksleiter EBNER, SPITZER und SCHERL war, hatte das Kärntner Kammerverfahren einen Stand der Vollkommenheit erreicht, der es befähigte, Jahrzehnte mit bestem Erfolg

Abb. 6. Paul Freiherr von Herbert,
1819–1884.
Nach einem Ölgemälde.

Abb. 7. Edmund Freiherr von Herbert,
1827–1889.
Nach einem Ölgemalde.

betrieben zu werden. Das HERBERTsche Bleiweiß hatte Weltruf erlangt, die zeitgenössischen technologischen Werke nennen es das reinste und vorzüglichste[1] und auch im Ausland galten die Kärntner Fabriken als musterhaft.[2] Sie verdankten diesen Vorsprung vor den Anlagen anderer Länder vor allem dem versuchsfreudigen Unternehmungsgeist ihrer Leiter. In anderen deutschen Ländern hatte sich das von Holland übernommene Verfahren mit allen seinen Nachteilen lange Zeit unverändert erhalten. 1837 schreibt J. G. GENTELE in einem Aufsatz über die Bleiweißfabrikation:

„Daß man seit der Einführung der holländischen Verkalkungsweise in Nord- und Mitteldeutschland in der Form und Größe der Töpfe noch keine Abänderung gemacht hat, scheint von der Versuchsscheue der Fabrikanten herzurühren, welche meistens auf dem einmal angefangenen Weg fortarbeiten, so lange es in merkantilischer Hinsicht angeht."[3]

---

[1] STEPHAN V. KEES, Darstellung des Fabriks- und Gewerbewesens im österr. Kaiserstaate, 2. Teil, 2. Bd., S. 986, Wien 1823.

[2] Dictionnaire technologique ou Nouveau dictionnaire universel des arts et métiers...., Paris 1823, S. 289.

[3] DINGLER, Polytechnisches Journal, 63. Bd., S. 204, Stuttgart 1837.

In England hatte man sich schon eher vom holländischen Verfahren losgemacht. Nach PRECHTL war um 1830 in den meisten englischen Fabriken das mit rechteckigen Kisten arbeitende österreichische Bleiweißverfahren eingeführt.[1]

In den Vierzigerjahren erst nahm die Bleiweißfabrikation in Deutschland einen neuen Aufschwung, vor allem durch das von GUSTAV DIETEL in Eisenach 1839 eingeführte „deutsche Kammerverfahren",[2] das jedoch eine Nachbildung des fast zwei Jahrzehnte vorher in den HERBERTschen Fabriken entstandenen, oben beschriebenen Kärntner Kammerverfahrens ist.

Am 31. Oktober 1834 starb, erst 47jährig, ALBIN FREIHERR VON HERBERT. Für die damals minderjährigen Söhne führte zunächst die Witwe, unterstützt von einem Verwandten, ANTON RITTER VON MORO, die Leitung der Unternehmungen. Der ältere der beiden Söhne, PAUL FREIHERR VON HERBERT, hörte in Wien bei MEISSNER und später in Berlin bei ROSE und MITSCHERLICH chemische Vorlesungen und übernahm hierauf die technische Leitung der Fabriken. Sein Freund und Erzieher, JOHANN PRETTNER, der schon während seiner Studienzeit sein Begleiter gewesen war, wurde sein Mitarbeiter. Der jüngere Sohn, EDMUND, wandte sich der kaufmännischen Leitung der Firma zu.

War auch, wie schon gesagt wurde, das Kärntner Bleiweißverfahren nun apparativ so entwickelt, daß es jahrzehntelang keiner nennenswerten Verbesserung bedurfte, so fällt doch in diese Zeit eine wichtige Neuerung in der Rohstoffversorgung, der Ersatz des zu teuren, aus Früchten hergestellten Gärungsessigs durch Holzessigsäure.

Auf die Verwendung von Holzessig zur Bleiweißbereitung hatten die Brüder ANTON und EUGEN EMPERGER in Graz im Jahre 1819 ein sechsjähriges ausschließliches Privileg erhalten.[3] Ihr Verfahren war jedoch kein Korrosions-, sondern ein Fällungsprozeß und beruhte darauf, daß aus einer Auflösung von Bleiglätte in gereinigtem Holzessig durch Zusatz von kohlensaurem Ammonium Karbonat gefällt wurde.[4] Nach VON KEES hat auch Professsor JASNÜGER in Wien Bleiweiß mit Hilfe von Holzessig bereitet.[5]

Als die Versuche, den Korrosionsprozeß mit Holzessig durchzuführen, in den HERBERTschen Fabriken gute Resultate ergeben hatten, stellte man die Fabrikation völlig auf diese Grundlage. Zur Gewinnung des Holzessigs wurden in Klagenfurt und in Wolfsberg Holzverkohlungsanlagen geschaffen. Damit war wieder, wie bei der Verarbeitung von Obstessig, die Fabrikation auf Erzeugnisse des Landes eingestellt: Das Holz der Wälder Kärntens lieferte Essigsäure und zugleich die Holzkohle, die dann zu Kohlensäure verbrannt wurde.

Erst im Jahre 1870 wurde der Bleiweißprozeß selbst neuerlich umgestaltet. ERNST HERBERT-KERCHNAWE, der Adoptivsohn des Barons PAUL HERBERT und

---

[1] PRECHTL, Technologische Encyclopädie, 2. Bd., S. 457, Stuttgart 1830.

[2] ULLMANN, Enzyklopädie der technischen Chemie, 2. Bd., S. 681, Berlin—Wien 1915.

[3] STEPHAN V. KEES, Darstellung des Fabriks- und Gewerbewesens im österr. Kaiserstaate, 2. Teil, 2. Bd., S. 986, Wien 1823.

[4] A. CHR. GAUSSLER, Die Geheimnisse der Bleiweißfabrication, Quedlinburg und Leipzig 1832, S. 13.

[5] STEPHAN V. KEES, Darstellung des Fabriks- und Gewerbewesens im österr. Kaiserstaate, 2. Teil, 2. Bd., S. 986, Wien 1823.

technische Direktor der Fabriken, war es, der das bisher ausgeübte Verfahren zum Dampfkammerprozeß ausbaute.

Das zu dünnen Platten gegossene Blei wurde in großen, von Holzwänden umgebenen, gut lüftbaren Kammern aufgehängt. Eine Kammer faßte 10.000 bis 15.000 kg Blei. Eine außerhalb der Kammer angeordnete Dampfheizung entwickelte sekundär Essigdampf und schickte diesen sowie nach Bedarf Wasserdampf durch Rohrleitungen und Holzkanäle in das Innere der Bleiweißkammer. Die für die Umsetzung nötige Kohlensäure wurde durch Verbrennen von Holzkohle erzeugt. Doppeltüren und Fenster gestatteten, die Bleiweiß-bildung von außen zu beobachten und zu regeln. In 6 bis 8 Wochen war die Zersetzung der Bleiplatten beendet und das Rohbleiweiß konnte weiter verarbeitet werden.

Auch die Trocknerei sowie die Schlämm- und Mahlvorrichtungen wurden damals neugestaltet, wobei besonders auf den Schutz der Arbeiter gegen Gesundheitsschäden Bedacht genommen wurde.

Zur Firmengeschichte, deren eingehende Behandlung ja nicht der Zweck dieser Arbeit ist, sei nur noch bemerkt, daß das fast einundeinhalb Jahrhunderte alte HERBERTsche Unternehmen mit den beiden Fabriken in Klagenfurt und Wolfsberg am 13. Mai 1900 von der Bleiberger Bergwerks-Union übernommen wurde.

Das Dampfkammerverfahren nach HERBERT-KERCHNAWE, also die Korrosion von in Kammern aufgehängten Bleiplatten mit Essigdampf, Wasserdampf und Kohlensäure wird

Abb. 8. Ernst Herbert-Kerchnawe, 1842–1907.

Nach einem Ölgemälde.

unter Verwendung moderner Hilfsmittel, die vor allem auch der Verarbeitung des in den Kammern entstehenden Rohbleiweißes, dem Auflockern, Sieben, Schlämmen, Mischen, Filtrieren, Trocknen, Mahlen und Verpacken dienen, noch heute von der genannten Firma ausgeübt.[1]

So haben die Angehörigen des verdienstvollen Geschlechts der FREIHERREN VON HERBERT, dessen Vorfahr, einst aus dem Westen gekommen, sich im Südosten des deutschen Raumes niederließ, in ihrer neuen Heimat eine neue Industrie geschaffen. Während man anderwärts noch bis in späte Zeiten starr und kritiklos am Althergebrachten festhielt, wurde in Kärnten frühzeitig ein technisch richtiges Verfahren der Bleiweißerzeugung entwickelt, das, an die Wirtschaft des Landes angepaßt und apparativ allen zeitgenössischen Arbeitsweisen überlegen, Erzeugnisse hervorbrachte, die alsbald Weltruf erlangten. Und noch heute wird das Kärntner Bleiweißverfahren, das das Geschlecht seiner Schöpfer überdauerte, in moderner Gestaltung mit Erfolg betrieben.

---

[1] Eine Beschreibung der in Kärnten üblichen Bleiweißfabrikation nach dem Stande von 1938 verdankt der Verfasser der Bleiberger Bergwerks-Union in Klagenfurt.

Versuch zur Einführung der Gasbeleuchtung bei den Salzwerken des Kammergutes.

Von

Hofrat Ing. **Carl Schraml**, Linz.

Mit 3 Abbildungen.

Noch im ersten Viertel des 19. Jahrhunderts waren die Beleuchtungsansprüche der Salzämter sehr bescheiden. Bei den Sudpfannen brannte nachtsüber das offene Lichtfeuer, in den Schreibstuben und Gängen gaben die Unschlittkerzen ein kärgliches Licht. Erst in den darauf folgenden Jahren traten Rübüllampen an Stelle der Kerzen, während den Pfannenraum immer noch das Lichtfeuer erhellte. Das war aber sehr teuer, die Holzschwendung zudem schwer ertragbar. Als daher im Jahre 1817 die vom Direktor des polytechnischen Instituts in Wien, JOHANN JOSEF PRECHTL verfaßte „Anleitung zur zweckmäßigen Einrichtung der Apparate zur Beleuchtung mit Steinkohlengas" im Druck erschien, glaubte das Salzoberamt in Gmunden darin einen willkommenen Ersatz für das Lichtfeuer gefunden zu haben und setzte ihr Vorhaben, zuerst einen Versuch zur Gaserzeugung abzuführen, sogleich ins Werk. Am 19. März 1818 berichtete der Salzoberamtmann LENOBLE an die Hofkammer: „Um bei allen Gelegenheiten pflichtmäßig auf Geldwirtschaft und Holzersparnis für zu denken, ist schon mittelst des im Vorjahre aufgenommenen Salzkammergut Visitationsprotokolls auf die Abführung einer Gaserzeugungs- und Beleuchtungsprobe einsweilen im Pfannhaus zu Hallstatt und die Realisierung dieses Versuches unter Anweisung des gefertigten Hofrates und Oberamtmannes dem sehr gescheiten und diensteifrigen Praktikanten ANDREAS EGGER mit dem Beisatze — die Abhandlung des Wiener polytechnischen Institutsdirektors, Herrn PRECHTL, zur Richtschnur und Anhaltspunkt zu nehmen — committiert worden."

Die EGGER gestellte Aufgabe war nicht leicht; selber hatte er noch kein Gaswerk gesehen und über den Bau einer solchen Anlage auch keine Erfahrung. PRECHTLS Anleitung galt überdies nur für Steinkohle, die ihm nicht zur Verfügung stand. Zudem sollte die Probe wenig kosten und tunlichst viel von dem vorhandenen Material verwendet werden. Die in EGGERS eigenhändig verfertigter Skizze veranschaulichte und im folgenden beschriebene Einrichtung ist daher dementsprechend zu beurteilen und zu werten.

Der für die Beschickung mit Fichtenscheitern gebaute Ofen *a* mit dem Feuergewölbe *b* besaß einen einfachen Planrost, die Heizgase umströmten die Holzretorte *c* und sodann die darüberliegende Teerretorte d, bevor sie in die Esse abzogen. Die Retorten waren ungefähr ein Meter lang und standen am rückwärtigen Ende durch einen kurzen Stutzen e miteinander in Verbindung. f stellt durch die punktierte Linie den Wärmekanal vor, durch welchen die Hitze über die Oberfläche der Teerretorte weg und bei g in den Schornstein geführt wurde. Der Abzug der Heizgase konnte durch einen am Fuße der Esse angebrachten Schuber h reguliert werden.

Das erzeugte Rohgas gelangte von der Teerretorte bei l durch Kupferröhren in den ersten Teerbehälter n und von diesem durch einen Abkühlungsrohrsatz o in den zweiten Teerbehälter p. Der an seinem Boden angesetzte Hahn q erlaubte das Ablassen des ausgeschiedenen Teers. Für die zeitweilige Entleerung des gleichfalls kondensierten Holzessigs war durch ein verschließbares Abfallrohr r gesorgt. Das seiner flüssigen Bestandteile entledigte Gas passierte nun einen mit Kalkmilch gefüllten Bottich, um die im Gas enthaltene Kohlensäure zu binden. Um ihre Absorption zu beschleunigen und zu verstärken, besaß der Bottich eine Rührvorrichtung u. Die unbrauchbar gewordene Kalkmilch wurde durch den Hahn v am Boden der Tonne abgelassen. Ein an ihrem Deckel eingesetzter Hahnstutzen t gestattete die periodische Untersuchung der Leuchtkraft des sich entbindenden Gases. Die darin noch

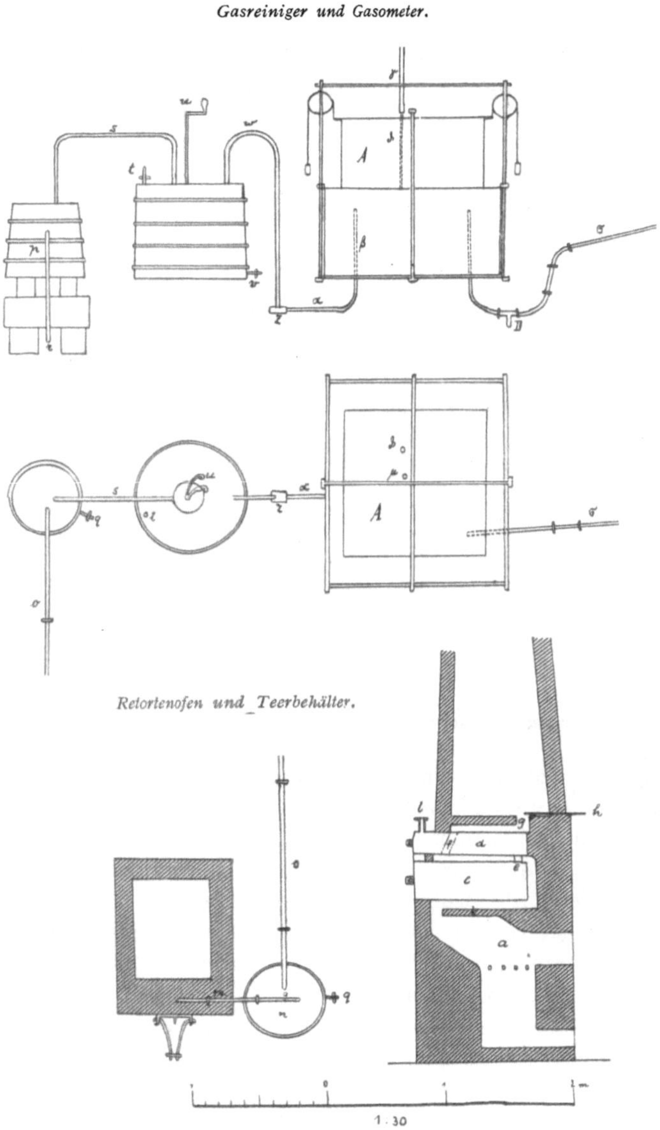

Abb. 1. Zeichnung der Eggerschen Anlage nach seiner Originalskizze im Oberösterreichischen Landesarchiv.

enthaltene Feuchtigkeit setzte sich vor dem Eintritt in den Gasometer in der
Überleitung w ab, an deren tiefster Stelle ein Kondenstopf z eingeschaltet war.
Der Gasometer A war mit einer Sicherheitsröhre ϑ und einer Sicherheitslutte γ
zum Ablassen des überflüssigen Gases versehen. Ein weiteres Rohr μ, dessen Öffnung
durch eine Schraube und geöltes Leder luftdicht abgeschlossen werden konnte,
diente zur Abführung der atmosphärischen Luft, wenn die Gasometerhaube nieder-
gelassen wurde. An der tiefsten Stelle der zu den Beleuchtungskörpern führenden
Gasleitung befand sich ein Hahn zur Entleerung der etwa noch zurückgebliebenen
Flüssigkeit.

Die Anlage kostete an Löhnen 402 fl., an Konti und Material 1368 fl., zusammen
1770 fl. Da aber von der Einrichtung Gegenstände im Werte von 1215 fl. als ander-
weitig verwertbarer Instand in der Verrechnung aufschien, betrug der reelle
Aufwand bloß 554 fl. Der Probebetrieb lieferte folgendes Ergebnis: In 7 Stunden oder für eine Nacht wurden 231 Kubikfuß Gas erzeugt und in drei Char-
gen $^1/_{20}$ Wiener Klafter drei Fuß lange, harte Brennscheiter in die Retorte ein-
geschoben. Der Ofen verbrauchte in dieser Zeit $^1/_{16}$ Wiener Klafter weiches
Holz. Als Verkokungsrück-

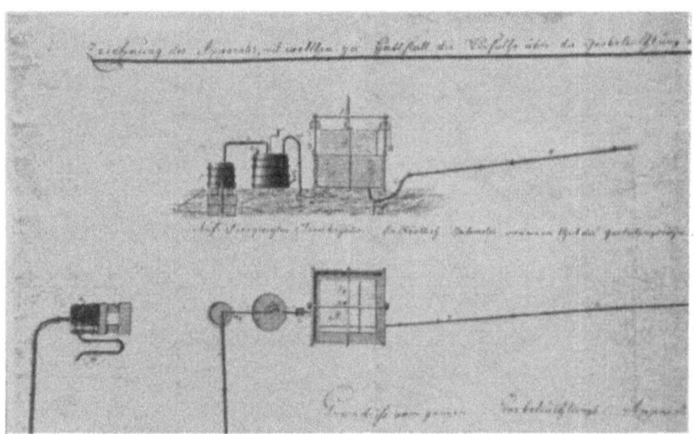

Abb. 2. Ausschnitt aus der Originalzeichnung von Andreas
Egger im Oberösterreichischen Landesarchiv.

stand blieben 21 Pfund sehr schöne Holzkohle. An Destillaten wurden 15 Maß
Holzessig und 2 Pfund Teer gewonnen.

Das umfangreiche Elaborat, das Egger über die Versuchsanlage, den Probebetrieb und die dabei gemachten Erfahrungen dem Oberamte vorlegte, verhehlt
zwar den unbefriedigenden Erfolg nicht, zeigt aber die Mängel im Aufbau der Einrichtungen als die Ursache des Mißlingens auf und enthält wertvolle Vorschläge
zur Behebung der Fehler und zur Verbesserung der Leistung. Seiner Ansicht nach
nahmen den größten Einfluß auf die Gasbeleuchtung die beiden Retorten, die mit
zwei Nähten und aus Tartschenblech nach Art der Ofenröhren zusammengenietet
und unter sich mit einer kurzen Röhre verbunden waren. Sie wurden in den Fugen
mit Eisenkitt verstrichen und darüber noch mit weißem Ofenlehm dünn überzogen.
Ungeachtet dessen war es nicht möglich, einen luftdichten Abschluß herzustellen.
Von außen waren die undichten Örter nicht zu erkennen, die Abdichtung der Retorten von innen aber ließ der beschränkte Raum nicht zu. Dieses Gebrechen ver-
schuldete wegen des Luftzutritts eine verminderte Gasausbeute und die Herab-
setzung der Leuchtkraft des gewonnenen Gases. Ebenso nachteilig erwies sich die
enge Verbindung der Holz- mit der Teerretorte. Erstere arbeitete am besten bei
Rotglut, wobei aber die Teerretorte nur braunwarm wurde und diese Temperatur

zur Zersetzung der Destillationsprodukte nicht ausreichte. Sollte auch diese rotwarm werden, mußte die Holzretorte auf Weißglut erhitzt werden, was wiederum den Erfolg der Verkohlung beeinträchtigte. Die starke Beimengung von Kohlenoxyd zum Leuchtgas war auf diesen Übelstand zurückzuführen und die Ursache, warum das entzündete Gas mit blauer Flamme brannte. Die Kalkmilch, durch welche das Gas geleitet wurde, konnte eben nur die Kohlensäure, nicht aber auch das Kohlenoxyd absorbieren. Um diese ungünstigen Verhältnisse zu beheben, schlug EGGER die Verwendung gußeiserner Retorten vor, deren Größe sich nach dem Gasbedarf in 24 Stunden zu richten hätte. Die Teerretorte sollte weggenommen und in demselben Ofen für die Zerlegung des Teers eine gußeiserne Röhre abgesondert eingelegt werden, in welcher der Teer sich tropfenweise absetzte.

Der Gasometer reichte bloß zur Füllung von 32 Kubikfuß, etwa 1 m³ Gas, und konnte deshalb die Tageserzeugung nicht aufnehmen. Beim regelmäßigen Betrieb der Anlage brannten 20 Flammen, ohne daß der Gasometer sich senkte. Das Licht war aber im unteren Teil der Flamme blau, nicht nur wegen des Gehalts an CO, sondern auch wegen der beigemengten Luft, die durch undichte Stellen in die Leitung drang. Ein großer Nachteil war auch der übergroße Querschnitt der 25 m langen Abkühlungsrohrleitung O, wozu EGGER aus Ersparungsgründen alte vierzöllige Soleleitungsröhren verwenden mußte. Diese waren zu Beginn der Beleuchtungsprobe natürlich mit atmosphärischer Luft gefüllt, die durch das Gas nur allmählich verdrängt wurde und so in den Gasometer gelangte. Bis das reine Leuchtgas zu den Brennern gelangte, war die Gaserzeugung meist schon zu Ende.

Da EGGER aus den Beleuchtungsversuchen die Nachteile der Probeeinrichtung erkannt hatte, glaubte er, sie bei einer Neuanlage unschwer vermeiden zu können. Zu seinen Verbesserungsvorschlägen gehörte außer dem schon erwähnten Umbau der Retorten daher noch die Verengung der Leitungsquerschnitte, um den schädlichen Luftraum zu verringern, auch die Teerbehälter und der Kalkbottich brauchten nur halb so groß zu sein. Dafür müßte der Gasometer die Tageserzeugung aufzunehmen vermögen.

Im Probebetrieb fand er mit zwei Arbeitern das Auslangen. Einer besorgte die Feuerung, der zweite untersuchte die Luftdichtigkeit der Apparate, nahm allfällige Ausbesserungen vor und rührte zeitweilig die Kalkmilch in dem Bottich mit der Kurbel um. Durch den Einbau einer längeren Retorte hätte an der Holzzerkleinerung erspart werden können.

Am Schlusse seiner Berichtsausführungen bedauerte EGGER, daß er bei den vielen Unvollkommenheiten der Versuchsanlage kein zuverlässiges Ergebnis hatte vorlegen können. Es sei überhaupt ein kühnes Unternehmen gewesen und wenn es auch nicht nach Wunsch gelang, müsse man doch froh sein, daß es nicht noch schlechter ausgefallen war. Eine auf Grund der bisherigen Erfahrungen hergestellte neue Anlage würde gewiß den Erwartungen entsprechen. EGGER wies auf mehrere solcher Beleuchtungsanlagen mit Holzgas in Rußland und auf die Tatsache hin, daß selbst in holzarmen Gegenden Gas in Thermoslampen verbrannt wird, bloß um Holzessig für die Färbereien zu gewinnen. „Um wieviel mehr könnte hier bei den niedrigen Holzpreisen und bei der großen Menge an Bürdelholz sowie nicht minder bei dem großen Aufwand an Lichtholz diese Einrichtung nützlich sein! Es ist zwar nicht zu leugnen, daß Steinkohle weit vorzüglicher zur Gasbeleuchtung geeignet ist als das Holz; da dieses Material aber hier vermißt wird und die Wolfsegger Kohle nach den vorgenommenen Proben ein schwächeres Licht gab als Holz, zur Unterhaltung der Feuerung wegen Mangels an Bitumen gar nicht geeignet ist und schlechten Koks liefert, so bleibt doch nichts anderes übrig, besonders da diese Holzkohle eine weit größere Heizkraft besitzt als jene, welche in Meilern erzeugt wird. Auch die Verkohlung im geschlossenen Raum ist weit höher als in Meilern."

Das Salzoberamt legte die Relation EGGERs mit allen Beilagen der Hofkammer vor, hob sein Verdienst um die Aufstellung der Anlage und die Durchführung des Probebetriebs lobend hervor und beantragte für ihn eine Remuneration von 200 fl. Anstatt aber, wie EGGER es wollte, der Hofkammer die Notwendigkeit darzulegen, die Versuche fortzusetzen, um nach Beseitigung der erkannten Mängel ein besseres Gaslicht zu erhalten und zuverlässige Anhaltspunkte für den wirtschaftlichen Betrieb und die Kosten eines größeren Gaswerks zu gewinnen, begnügte sich das Oberamt mit den bisherigen Ergebnissen und wollte die Gaserzeugung sogleich in Ebensee einführen. Es übertrug die von EGGER errechneten Ertragswerte kritiklos auf die dort geplante Neuanlage und kam dabei auf eine jährliche Ersparung von 3445 fl. Damit hatte sie aber alles verdorben. Die Hofkammer nahm den Bericht des Oberamtes recht ungnädig auf. In der Resolution vom 2. April 1819 rügte sie die oberflächliche Behandlung des Gegenstandes und verwarf die auf eine so unsichere Basis aufgebaute Kalkulation. Schon der Ausweis über die für den Versuch aufgewendeten Kosten war ebenso undeutlich wie unrichtig abgefaßt, es fehlte die Trennung der Anlage- von den Erzeugungskosten. „Bei der Verfassung des Voranschlags über das für Ebensee beantragte Gaswerk hätte nicht außer acht gelassen werden sollen, daß die Resultate einer einzelnen Probe noch ganz und gar nicht geeignet sein können, eine auch nur einigermaßen verläßliche Berechnung der Bau- und Betriebskosten aufzustellen." Das Oberamt erhielt schließlich den gemessenen Auftrag, einen gehörigen Überschlag auszuarbeiten und zu diesem Zwecke zu erheben: „1. Wie hoch sich die Auslagensumme für die vollständige Errichtung eines Gaswerks beim Pfannhaus zu Ebensee belaufen würden. 2. Mit welchen Kosten der wirkliche Bestand der Gasbeleuchtung verbunden wäre. Hierbei sind die Interessen des Anlagekapitals und die Instandhaltungs- sowie die Betriebskosten zu Lasten, der Wert der gewonnenen Holzkohle und der Nebenprodukte sowohl wie jener des durch den Entfall der bisherigen Pfannhausbeleuchtung in Ersparung kommenden Materials zugute zu rechnen. 3. Über den Absatz von Teer und Holzessig und den erhofften Preis sind genaue Erhebungen zu pflegen. 4. Sind diese Gasbeleuchtungskosten mit jenen der bisherigen Beleuchtungsart zu vergleichen und die Vorteile für die eine oder andere Methode in wirtschaftlicher Hinsicht darzustellen." EGGER hat die Zufriedenheit über seine bei der Abführung der Gasbeleuchtungsprobe bewiesene Tätigkeit und seinen Eifer zu erkennen gegeben, auf den Remunerierungsantrag ging die Hofkammer nicht ein.

Dem greisen Oberamtmann LENOBLE und seinem ebenso alten Referenten ADLERSBURG kam der Erlaß recht ungelegen. EGGER konnten sie die Erledigung des Auftrags nicht mehr übertragen, weil dieser mittlerweile zum Waldmeister befördert und nach Ischl versetzt worden war. Einen anderen mit diesem Sonderfach vertrauten

und hierzu verfügbaren Beamten besaß das Oberamt jedoch nicht. Selber aber war
die Ausarbeitung einer so umfangreichen, zeitraubenden und schwierigen Aufgabe
der beiden 70 Jahre alten Herren nicht zuzumuten. In dieser Verlegenheit behalf
sich das Oberamt mit dem in solchen Fällen üblichen Mittel, die Enderledigung

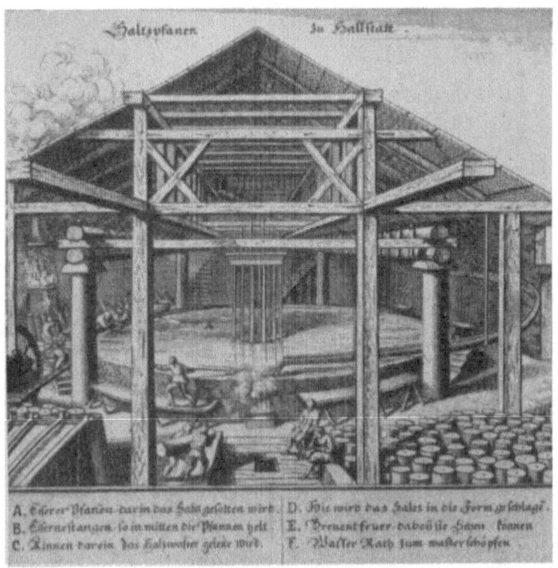

Abb. 3. Salzsudhaus in Hallstatt um 1650.

Nach einem Stich aus der Topographie von M. Merian. An der linken Wand: „E. Brenentfeuer, dabey sie Sehen können.“

auf unbestimmte Zeit zu verschieben. Der Akt erhielt den Vermerk: „Vorzube-
halten, bis über diesen Gegenstand so genau als möglich gelegentlich anderer Amts-
geschäfte untersucht sein wird.“ Das ist aber nicht mehr geschehen. Merkwürdiger-
weise kam auch die Hofkammer auf den Erlaß nicht mehr zurück. So nahm der
Versuch, der Gasbeleuchtung in den Salinen des Kammerguts den Weg zu bahnen,
ein wenig rühmliches Ende.

Die Ladenkarlfahrt auf der Steyr.

Von

Ing. **Ernst Neweklowsky**, Linz.

Mit 3 Abbildungen.

Während sich auf der Enns die Flößerei bis zum heutigen Tag erhalten hat, ist sie auf den übrigen Nebenflüssen der Donau im ehemals österreichischen Gebiet bis auf kaum nennenswerte Reste verschwunden. Einst aber war diese Flößerei

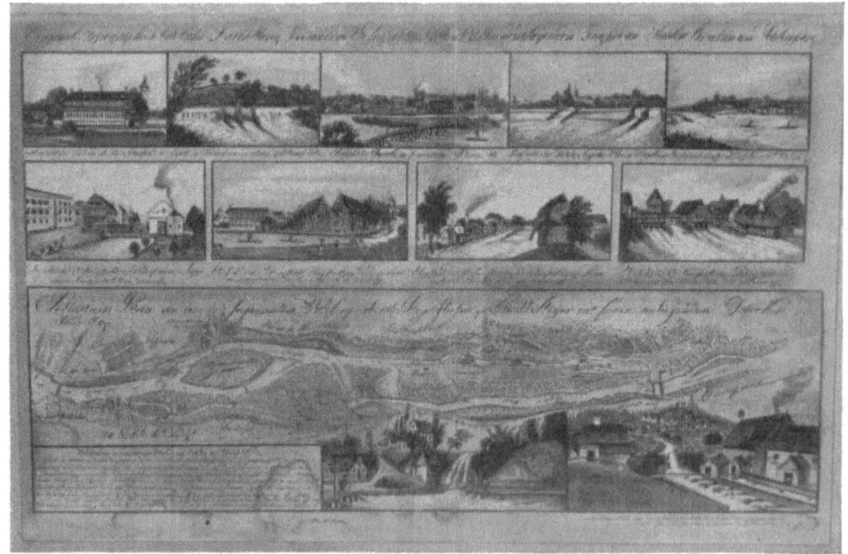

Abb. 1. Der Wehrgraben am Steyrfluß im Jahre 1830. Museum Steyr.

von sehr großer Bedeutung. Ihr Verschwinden ist durch das Entstehen der Bahnen verursacht worden.

Unter den Flüssen, auf denen einst Flößerei betrieben wurde, finden wir auch die Steyr, jenen Fluß, welcher von Westen kommend, bei der Stadt Steyr in die Enns mündet und dessen Wasserkräfte in zahlreichen Werken schon seit langer Zeit ausgenutzt werden (Abb. 1). Diese Werkanlagen beeinflußten die Flößerei in weitgehendem Maße und waren die Ursache, daß sie in ganz eigenartiger Weise betrieben wurde. Die Flöße bestanden bloß aus Ladenzeug, waren ganz klein und jedes Floß war mit einem einzigen Flößer bemannt. Sie hießen Ladenkarl und die Flößer hießen Ladenführer oder Karlführer.

Das Wort Karl ist die Verkleinerungsform des Wortes Kar, das sich nach Schmeller[1] u. a. in den zusammengesetzten Wörtern Beikar, Brunnkar, Fischkar, Kaskar, Laugkar, Mehlkar, Milchkar, Nudelkärlein, Traidkar findet und worunter man ein Gefäß, Geschirr, versteht. Auch Höfer[2] kennt das Wort nur für ein hohles Gefäß, z. B. Brunnkar, Bachkarl. Wir kennen noch das bei uns allgemein gebräuchliche Wort Wasserkar. Jene zur Verführung des Salzes dienenden Traunzillen, welche mit einer Eindachung versehen waren und Kobel hießen, enthielten vier Abteilungen oder gleich große Käre,[3] zwischen denen sich drei Zwischenräume (Seß = Stall) befinden.[4] In der Flößerei unserer Gegend bezeichnet man endlich mit Kar, das in eine Floßtafel zusammengebundene Holz. Diese Floßtafeln wurden einzeln oder hintereinander zusammengefügt stromab befördert, wobei jeder Fluß seine durch die mannigfaltigsten Umstände bedingte Eigentümlichkeit in der Form und der Art der Flöße hatte. Die Verkleinerungsform des Worts Kar (mit dumpfem a) ist Karl (mit hellem a). Die Flöße auf der Steyr nun, die bloß aus einem kleinen aus Ladenzeug zusammengefügten Kar bestanden, führten, wie wir oben gesehen haben, die Bezeichnung Ladenkarl.

Sowohl das Wort Kar wie noch mehr das Wort Karl finden wir mitunter in der ärgsten Weise entstellt. Eine Beschreibung der vorhin geschilderten Abteilungen der Kobel bezeichnet sie als Chor,[5] ein Aufsatz über die Flößerei an der Traun besagt, daß jedes Floß aus fünf Karree (!) besteht.[6] Aus unserem Karl aber wurde ein Kahnl gemacht.

Ein gewisser Jakob Löw, der in den Dreißigerjahren des 19. Jahrhunderts in Steyr als Zeichenlehrer wirkte, schildert in einer handschriftlichen Beschreibung der Stadt Steyr,[7] daß auf dem Ennsfluß aus den oberen Gegenden der Steyr eine Menge kleine Flöße anlangen (Ladenkangeln), worauf sich vieles Ladenzeug befindet. Das Wort „Ladenkangeln" ist von anderer Hand durchgestrichen und darüber ist das Wort „Ladenkandeln" geschrieben. Der Jahresbericht der oberösterreichischen Handels- und Gewerbekammer für das Jahr 1851 spricht von Laden = Kähnen und die Bezeichnung Ladenkahn finden wir in der Folgezeit neben dem Wort Ladenkahnl sehr häufig. Die Flößer hießen Karlführer und dieses Wort wurde zu Kahnlführer oder Kahnführer entstellt. Sogar auf einem im Steyrer Museum befindlichen Innungs-

---

[1] I. A. Schmeller, Bayrisches Wörterbuch (1827) I 1276.

[2] M. Höfer, Etym. Wörterb. (1815) II 113.

[3] Ob.-Österr. Landesarch., Sal. Oberamtsarch. V/5, Großkufenhandelsamtliche Manipulationsbeschreibung über den Fasselerzeug und Salztransport von Gmunden (1815) Bl. 30.

[4] F. Krackowitzer, Geschichte der Stadt Gmunden (1899) II 271.

[5] Ob.-Österr. Landesarch., Sal. Oberamtsarch. V/5, Manipulationsbeschreibung der beim k. k. Salztransport Stadl bestehenden Salzabfuhr auf der Traun von Stadl bis Zizlau (1823) Bl. 5.

[6] Tagblatt, Linz, 11. August 1934, Nr. 144, Der Flößer aus der guten alten Zeit.

[7] Stadtarchiv Steyr, J. Löw, Topographisch-statistisch-technische Beschreibung von den bei der k. k. Kreis- und Commerzialstadt Steyer am Steyerflusse anliegenden Gewerken, Handschr. (1832), 1. H.

zeichen der Flößer von der Steyr aus dem Jahre 1875 findet sich in der Aufschrift das Wort „Kahnführer" (Abb. 2).

Die Ladenkarl befuhren die Steyr von der sogenannten Sägewiese in Klaus, bis wohin die Steyrtaler Sägewerksbesitzer ihre Bretter auf der Achse lieferten, bis zur Mündung.[1] Die Flöße waren bis zu 6 m lang und bis zu 3 m breit. Sie hatten die Länge eines Ladens und bestanden aus nebeneinandergelegten Ladenstößen, die zusammengenagelt und mit Seilen verbunden waren. Jedes Floß war, wie bereits erwähnt, mit einem einzigen Flößer bemannt, eben dem Karlführer, der mit einer sogenannten Krucken sein Ladenkarl steuerte. Das war ein 4 m langer Flößerhaken, an dessen oberem Ende ein viereckiges Brett von 1,5 m Länge und 1 m Breite ange-

Abb. 2. Innungszeichen der Karlführer von der Steyr. Museum Steyr.

bracht war. Die Fahrt auf der Steyr war deshalb besonders schwierig, weil die am Steyrfluß gelegenen Zeugstätten zahlreiche Wehre besaßen, deren Durchfahrung außerordentliche Geschicklichkeit erforderte. Mit seiner Krucken mußte sich der Karlführer, während das Floß die Floßgasse durchfuhr, auf die über die Floßgasse führende Brücke schwingen und jenseits rasch auf das durchfahrende Floß hinunterspringen.

Die Ladenkarl wurden am Ausfluß der Steyr in die Enns verheftet, und zwar war nach der Flößereiordnung für die Enns vom Jahre 1889[2] die Strecke von der unteren Ecke des Hauses Nr. 16 am Ennsortskai in Steyr bis zur Ecke des sogenannten Pleckgrabens für die „Ladenkähne" bestimmt. Auf der Enns wurden die Ladenkarl durch Übereinanderschieben zu einem größeren Floß vereinigt, das dann zwei Flößer nach Au an der Donau weiterführten,

wo „zusammengeflößt" wurde. Auf der Donau war ein solches aus Ladenkarln zusammengebautes Floß von Au an mit acht Flößern bemannt. Bis in die Achtzigerjahre fuhr man diese Flöße auch auf der Enns mit den Krucken, später verwendete man Ruder.

Für die Steyr gab es keine eigene Flößereiordnung, doch liegt ein Entwurf einer solchen aus dem Jahre 1890 vor, der der Hauptsache nach folgendes besagt: Die „Ladenkahnfahrt" beginnt am Steyrfluß in der sogenannten Grünau in der Gemeinde Klaus und endet mit der Ausmündung der Steyr in die Enns. Die Benutzung des Steyrflusses zur „Ladenkahnfahrt" findet in der Zeit vom 19. März bis zum 11. November statt. Bei der Humpelmühlwehr in Steinbach erfolgt die Abfahrt der „Ladenkähne" nur über die bestehende „Ladenkahnrutsche". Die Länge der „Ladenkähne" wird mit höchstens 6 m, ihre Breite mit 3 m festgelegt, ihre Tauchtiefe mit 32 cm bei niedrigem, jedoch mit 63 cm bei hohem Wasserstand. Die Floßtafeln

---

[1] 100 Jahre J. u. C. REDER, Steyr-Wien, 1831—1931.

[2] L.-G.-Bl. für Ob.-Österr., 1889, Nr. 14; abgedruckt in der Manz'schen Taschenausgabe der österreichischen Gesetze, 31. Bd. (1902) S. 312.

[3] Ob.-Österr. Statth.-Arch., Aktenzahl 8118 aus 1890.

müssen fest gefügt und mit einem Sprungbrett versehen sein. Jedes Floß muß endlich von einer mindestens 18 Jahre alten Person männlichen Geschlechts geleitet werden.

Zu dieser Flößereiordnung kam es jedoch nicht mehr, denn mit der Eröffnung der Steyrtalbahn bis Agonitz (19. November 1890) übernahm diese die Beförderung

Abb. 3. Ladenkarlfahrt auf dem Steyrfluß. Museum Steyr.

des Holzes aus dem Steyrtal und die Ladenkarlfahrt hörte in den Neunzigerjahren des vergangenen Jahrhunderts auf.

Heute erinnern sich nur mehr wenige der einstigen Ladenkarl auf der Steyr. Hin und wieder ist aber doch noch die Rede davon und da wird dann meistens wieder von den Ladenkahnln oder den Ladenkähnen gesprochen, obwohl das Wort Kahn unserer Mundart vollkommen fremd ist und in der heimischen Schiffersprache nie gebräuchlich war. Aber das Wort Kar und seine Verkleinerungsform Karl werden eben nicht mehr verstanden. Ich würde wünschen, daß diese Zeilen dazu beitragen mögen, die Erinnerung an die alten Ladenkarl und die Karlführer auf der Steyr wieder wachzurufen.

Der Holzaufzug und die Wasserriesen im Außerweißenbach.

Von

Hofrat Ing. **Carl Schraml**, Linz.

Mit 2 Abbildungen.

Die Pfannhäuser im Kammergut mit ihrem immer steigenden, großen Bedarf an Brennholz zum Sieden des Salzes wie zu anderen Zwecken konnten mit den in ihrer näheren Umgebung befindlichen Waldungen das Auslangen auf die Dauer nicht finden, schon das dritte Reformationslibell vom Jahre 1656 beanspruchte die Forste der Herrschaft Kammer und Kogl zum Sieden und reihte sie unter die dem Landesfürsten vorbehaltenen Wälder. Zu Beginn des 18. Jahrhunderts nötigte der Holzmangel in Ebensee zur Heranziehung auch der abgelegenen Waldungen in Weyeregg, Unterach und Nußdorf. 1734 waren die im Attergau gelegenen, vom Ischler Waldamt bewirtschafteten Weißenbachforste bereits schonungsbedürftig geworden, weshalb neue Schläge in den entfernteren Weyregger Wäldern eröffnet und Vorbereitungen getroffen wurden, um später auch die jenseits des Attersees gelegenen Bestände in Abbau zu nehmen. Eine Übereinkunft mit dem Erzstift Salzburg als Landesherrn vom Jahre 1770 sicherte dem Salzoberamt das Schlägerungsrecht auch am Breitenberg.

Die große Entfernung dieser Wälder vom Verbrauchsort und die hohen Kosten der Lieferung zum Großteil auf Fuhrwerken setzten einer zu weitgehenden Ausbeutung dieser Reviere allerdings gewisse Schranken; so wurden 1798 nur die Pfannhauser und Inwohner von Ebensee mit Holz aus dem Attergau beteilt. Die sprunghafte Vermehrung des Salzabsatzes nach den Franzosenkriegen zwang das Verwesamt in Ebensee aber doch, diese reservierten Forstbezirke stärker anzugreifen und ausgedehnte Schlägerungen im Attergau vorzunehmen. 1834 bezog es von dort 6400 und 1847 7200 Klafter Hallholz, bei einem jährlichen Gesamterfordernis von etwa 35.000 Klafter, immerhin eine beträchtliche Menge. Der Anfall Salzburgs an Österreich im Jahre 1819 kam der Holznutzung zugute, da manche mit dem Untertanenverband zusammenhängende Schwierigkeiten wegfielen.

Der kürzeste Lieferweg nach Ebensee führte von Weißenbach am Attersee entlang dem Tal des Äußeren Weißenbaches über den Sattel in das Mitterweißenbachtal zur Traun. Ausgang und Ende dieses Weges liegen annähernd gleich hoch, der Attersee besitzt eine Meereshöhe von 465 m, die Mündung des Mitterweißenbaches in die Traun von 456 m. Die in der Wegmitte gelegene Wasserscheide zwischen dem Attergau und dem Traungebiet erhebt sich bei der Umkehrstube 100 m über den

Spiegel des Attersees, welche Höhe also beim Transport des Holzes zu überwinden war und viel teures Fuhrwerk erforderte. Um daran zu sparen und die Holzbringung zu erleichtern, hatten die Waldmeister und Holzknechte schon zu Anfang des 18. Jahrhunderts die vorhandenen Wasserläufe dieses Gebiets zu diesem Zweck auszunutzen gewußt und um 1720 einen einfachen Holzaufzug erbaut, der in der Folgezeit immer mehr verbessert und leistungsfähiger gemacht wurde. Die im oberösterreichischen Landesarchiv aufbewahrte „Manipulationsbeschreibung" aus dem Jahre 1823 enthält eine bildliche Darstellung des Aufzugs in seiner letzten Gestalt. Die Anlage war für die damalige Zeit eine beachtenswerte technische Leistung und für die Holzversorgung der Pfannhäuser in Ebensee von großer Bedeutung. Es nimmt daher Wunder, daß die Akten des Salzoberamtes in Gmunden sie nirgends erwähnen. Da selbe außer dem Aufzug noch die Zuführung des Kraft-

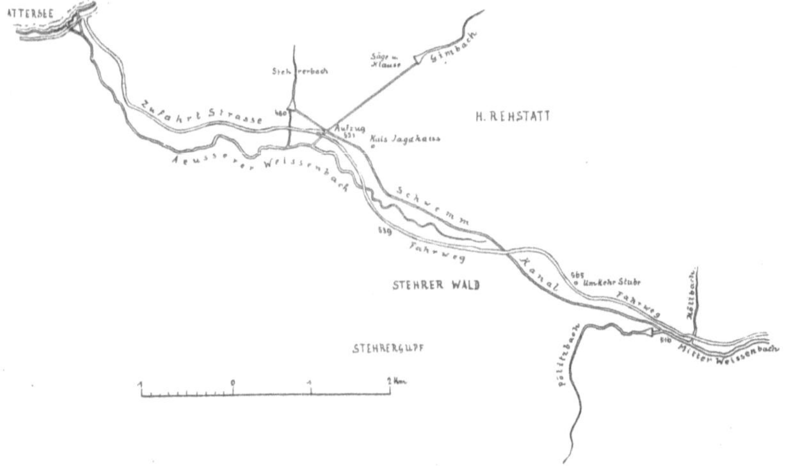

Abb. 1. Holzbringung vom Attersee ins Trauntal.

wassers und den Schwemmkanal für das gehobene Holz bis zur Triftklause und dem Mitterweißenbach umfaßt, werden die folgenden Ausführungen auch diese Werke miteinbeziehen.

Das für Ebensee bestimmte Hallholz wurde zunächst das ganze Jahr über mit Pferde- und Ochsenfuhrwerk vom Kammersee eine Stunde weit etwas bergauf zu einer Seilbahn geführt, auf dieser gehoben und sodann in einer fast 5 km langen Wasserriese bis zur Pölitzklause geschwemmt, mit deren Hilfe es in das Triftwasser des Mitterweißenbachs und damit in das Trauntal gelangte. Diese Art der Holzbringung erforderte verschiedene Baulichkeiten und Vorkehrungen, die zumeist der zweckmäßigen Wasserführung dienten. Hierher zählt zunächst der Wasserfang am Stehrerbach im Einzugsgebiet des Äußeren Weißenbaches, der das Kraftwasser für den Aufzug lieferte. Die Klause hatte eine Länge von $7^0\,2'$, eine Breite von $3^0\,4'$ und eine Höhe von $1^0\,5'$ und war mit einem Grund- und einem Überlaßtor versehen. Das hier aufgestaute Wasser floß in einen Kanal, der in gerader Richtung zum Wasserrad des Aufzugs führte und den weiter vorne gelegenen Abladeplatz für das vom

Attersee hergebrachte Holz durchschnitt. Dieses wurde zu beiden Seiten des Gerinnes aufgezaint und konnte daher ohne große Kosten unmittelbar als Schwemmgut in den Kanal geworfen werden. Er war 320 Klafter lang, 4 Fuß breit und 5 Fuß tief und ganz in Holz gezimmert. Die Seitenwände bestanden aus auf drei Seiten behauten Greinerbäumen von 6 Klafter Länge und 1 Fuß Dicke und Breite, der Boden aus geschnittenen Pfosten. Am Fuße des Aufzugs befand sich eine Bühne, auf welche das angeschwemmte Holz aus dem Kanal gezogen und für die Beladung der Seilbahnwagen vorgerichtet wurde. Den Antrieb des Aufzugs besorgte ein unterschlächtiges Wasserrad von 2′ 4″ Breite und 2⁰ 4′ Durchmesser. Dadurch, daß der Kanal in zwei Fluderarme mit entgegengesetzter Stromrichtung mündete, konnte das Wasserrad sowohl vor- als rückwärts in gleicher Stärke in Gang gesetzt und so

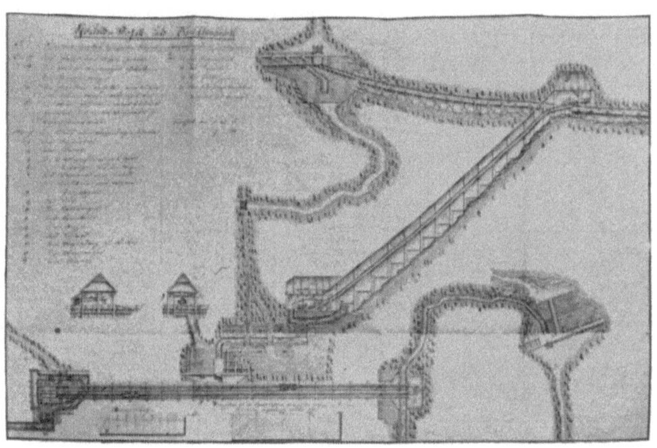

Abb. 2. Holzaufzug im Außerweißenbach.

die Seilbahn abwechselnd betrieben werden. Das Zugradgründl war zur Aufnahme einiger Seilwindungen aufgesattelt, die Verschalung hieß die Bollung. Das Seil führte von da bis zum oberen Ende des Aufzugs und kehrte, über eine Seilrolle gespannt, zum Ausgangsort zurück. An das Seil waren zwei Holzwagen so eingespannt, daß der beladene Wagen hinauf, der entleerte gleichzeitig wieder zurückfuhr. Dadurch wirkte der leere Wagen als Gegengewicht und erleichterte so bei kleinem Wasser den Aufzug. Je nachdem man das eine oder andere Fludertor öffnete oder schloß, änderte sich die Fahrtrichtung. Für den Wasserabfluß war jedoch nur ein gemeinsamer Weg offen. Die Einrichtung ermöglichte es, während eines Tages 105 Klafter Holz aufzuziehen. Der 42 Klafter lange Aufzug war überdacht und die auf Säulen gesetzte Aufzughütte 3⁰ 4′ breit und 2⁰ 5′ hoch. Auch die am unteren Ende des Aufzugs befindliche Holzauflegestätte war gegen die Witterungseinflüsse durch einen Holzbau von 4⁰ 3′ Länge, 3⁰ 4′ Breite und 2⁰ 5′ Höhe geschützt. Am oberen Ende des Aufzugs stand bloß eine kleine Hütte für das darin aufgestellte Seilrad, eine größere Anlage war nicht nötig, weil das angelangte Holz gleich in die Wasserriese geworfen wurde und wegschwamm. Die Aufzugbahn, auf welcher die Wagen liefen, bestand aus Straßbäumen mit seitlich aufgenagelten Leithölzern, um das Ausweichen der Fahrzeuge zu verhindern.

Mit der Hebung des Holzes um 26⁰ 5′, der Seigerhöhe des Aufzugs, war die Scheitelhöhe des Sattels zwar noch nicht erreicht, es bedurfte dessen aber nicht, da es durch kluge Ausnutzung des Terrains gelang, von der Kopfstation des Aufzugs weg einen Schwemmkanal mit ausreichendem Gefälle am Gehänge bis zum Mitterweißenbach zu führen. Das Triftwasser hierzu wurde dem Gimbach entnommen und in seinem Oberlauf ein 7 Klafter langer Wasserfang eingebaut. Seine Lage war durch die Höhe des Aufzugkopfs bestimmt, die Zuleitung 800 Klafter lang. Das aufgezogene Holz wurde, wie schon erwähnt, gleich in das Wasser des Gimbachkanals geworfen, so daß weder ein Platz noch eine Aufzainung vonnöten war. Es trieb nun vom Aufzug weg in dem 2444 Klafter langen Gerinne, das unterwegs noch kleinere Zuflüsse von Schmelz- und Regenwässern aufnahm, im mäßigem Lauf abwärts bis zur Pölitzklause, von wo aus die Trift im Mitterweißenbach ihren Anfang nahm. Die richtige Trasse konnte aus der Beschreibung nicht entnommen werden, in der zuliegenden Situationsskizze ist sie nur annähernd eingezeichnet. Zur Triftung im Mitterweißenbach genügte sein Gewässer in der Regel nicht, erst nach dem Schlagen der Pölitzklause wurde das Holz mit Gewalt in den Mitterweißenbach hinausgeschwemmt.

Zur Gesamtanlage gehörte noch die in der Nähe der Gimbachklause gestandene Brettersäge, in der alles zur Instandhaltung des Aufzugs und der Gerinne erforderliche Schnittholz erzeugt wurde.

Die Verwendung von Trauntaler Kohle zur Pfannenheizung in der zweiten Hälfte des 19. Jahrhunderts machte den Brennholzbezug aus dem Attergau für die Sudhäuser in Ebensee entbehrlich. Der Holzaufzug, der fast $1^{1}/_{2}$ Jahrhunderte gute Dienste geleistet hatte, war nun überflüssig geworden, wurde mit den zugehörigen Bauten abgetragen, die Klausen und Schwemmkanäle ihrem Verfall überlassen.[1]

---

[1] Eine Beschreibung des Holzaufzugs, aber ohne Zeichnung, enthält der vom Forstrat KARL STEINER verfaßte „Reisegefährte durch die österreichische Schweiz oder das ob der enns'sche Salzkammergut", Linz 1832. Kurz erwähnt wird er auch in „Führer von und nach Ischl, ein Handbuch für Badegäste und Reisende" von Dr. F. C. WEIDMANN, 1847.

Die Entwicklung der Wildbachverbauung in Österreich.

Von

Hofrat Ing. G. Strele, Innsbruck.

Mit 6 Abbildungen.

Das Bestreben des Menschen, Hab und Gut, Leib und Leben vor den anstürmenden Fluten der Wildbäche zu schützen, reicht weit, jedenfalls bis tief ins Mittelalter zurück und setzte naturgemäß zuerst dort ein, wo einerseits Siedlungen, wertvolle Kulturen und wichtige Verkehrswege bedroht waren, und andrerseits die herrschenden Verhältnisse den Bächen eine große Gefährlichkeit verliehen. Dies trifft namentlich für Tirol zu, wo sich längs der seit den ältesten Zeiten wichtigen, von Norden nach Süden führenden Verkehrswege blühende Ortschaften entwickelt hatten, welche bei dem Mangel an zur Ansiedlung geeignetem Grund und Boden vielfach auf den Schwemmkegeln der Wildbäche allzunahe an diesen angelegt worden waren.

Die zur Sicherung gegen Hochwässer und Murgänge errichteten Schutzbauten blicken hier zum Teil auf ein Alter von vielen Jahrhunderten zurück, und derartige uralte Schutzmauern und Dämme, die ein Wildbachgerinne auf dem Schwemmkegel begrenzen, finden sich — wenn auch durch nachträgliche Erhöhungen und Verstärkungen verändert — an vielen Orten heute noch vor.

Über ihre Entstehung wissen wir nur wenig. Zu den ersten Schutzbauten an Wildwässern zählen jedenfalls jene an der Talfer bei Bozen, die schon lange bestanden, als sie im Jahre 1277 vom Grafen Meinhard II. in seiner Fehde mit dem Bischof Heinrich von Trient zerstört wurden. Im Jahre 1340 wurde der Bau der „Wassermauern" an der Talfer dann neuerdings begonnen.[1] Aus der ersten Hälfte des 14. Jahrhunderts liegen mehrere Nachrichten über ähnliche Bauten vor, so verrechnet z. B. der landesfürstliche Amtmann von Neuhaus bei Terlan im Jahre 1320 Ausgaben für Schutzbauten gegen Murbrüche und im Jahre 1328 das landesfürstliche Urbar- und Probsteiamt in Innsbruck solche für Schutzbauten an der Melach bei Kematen im Inntal.[1] Es ist auch bekannt, daß zur Sicherung des Dorfes Pergine in Südtirol schon um das Jahr 1400 Schutzbauten an der Fersina bestanden, zu deren Erhaltung der dritte Teil der Forststrafgelder verwendet wurde,[2] und daß die heute noch bestehende Schutzmauer zur Sicherung der Stadt Sterzing gegen Ausbrüche des Vallerbaches schon 1455 errichtet wurde.[3] Als Beispiel für die Herstellung eines Geschiebeablagerungsplatzes sei jene für die Spitallahn an der Westgrenze der Stadt Brixen um 1550 angeführt.[4]

Schon frühzeitig schlossen sich die Bachanrainer zum Schutz gegen Wassergefahren zu Gemeinschaften — im deutschen Landesteil von Tirol Leegen, im italienischen Comprensorien oder Consortien genannt — zusammen. So bestanden beispielsweise im Jahre 1427, als der Fürstbischof Alexander von Trient eine autorisierte Gesellschaft zum Schutz der Grundstücke am rechten Fersinaufer bei Trient gründete, schon drei freie Gesellschaften zum Schutze des linken Ufers,[5] und im ältesten Bozener Ratsprotokoll von 1469 werden Leegen der Grundbesitzer an Talfer, Etsch und Eisack als schon lange bestehend angeführt.[1]

Man erkannte aber auch schon frühzeitig, daß Maßnahmen am Unterlauf der Bäche allein nicht zum Ziel führen, daß sie namentlich Geschiebeablagerungen in diesen Bachstrecken nicht zu verhindern und die damit verbundene erhöhte Gefahr von Bachausbrüchen nicht zu beseitigen vermögen. Man schritt deshalb dazu, die Geschiebeführung zu bekämpfen. Die älteste zu diesem Zweck in Südtirol erbaute Talsperre ist die Pont'alto-Sperre bei Trient. Sie dient ausschließlich dem Geschieberückstau, wurde erstmals im Jahre 1537 unter der Regierung des Fürstbischofs Bernhard von Cles erbaut, fiel öfters den Fluten der Fersina zum Opfer, wurde aber immer wieder hergestellt und besitzt heute eine Höhe von 38 m.[5, 6]

Aber schon in alter Zeit beschränkte man sich nicht auf die Errichtung von Stausperren in der Schlucht der Wildbäche, sondern man führte auch Bauten in den in Einwühlung begriffenen Bachstrecken aus, um weitere Sohleneintiefungen zu verhindern. So beschloß die aus den Gemeindeausschüssen von Cavalese und Varena gebildete Regola schon im Jahre 1641 nach einem heftigen Ausbruch des Gambisbaches die Erbauung mehrerer hölzerner Grundschwellen, deren Zahl später allmählich vermehrt wurde.[7] Auf diese Weise entstand innerhalb der am Berghang gelegenen Ortschaft Cavalese im Lauf der Zeit eine systematische Abtreppung der Bachsohle in Verbindung mit seitlichen Uferschutzbauten, die sich vorzüglich bewährt hat.

Hatten diese Bauten die Aufgabe, die dem Bach benachbarten Häuser und Gärten unmittelbar zu schützen, so verfolgte hingegen die in den Jahren 1650 bis 1662 unter der Regierung des Fürstbischofs Anton Krosin ausgeführte Verbauung der Spital- und Weißlahn bei Brixen ausschließlich den Zweck, die Geschiebeerzeugung im Oberlauf dieser Gräben zu verhindern. Sie umfaßte die Abtreppung der sehr steilen, in Glazialschutt eingeschnittenen Grabenpartien mittels gemauerter Sperren und erzielte im Verein mit der 1651 fertiggestellten Unterlaufregulierung eine so vollständige Unschädlichmachung der Gräben, daß das Interesse an diesen abflaute, und die an abgelegenen, schwer zugänglichen Stellen erbauten Werke im Laufe der Zeit bei den Stadtvätern gänzlich in Vergessenheit gerieten, bis sie in den 1860er Jahren wieder entdeckt wurden.[4]

Derartige der Bodenbefestigung dienende Bauten wurden allerdings nur in Ausnahmefällen ausgeführt; auch die Erbauung von Stausperren beschränkte sich auf wenige Werke und bis zu Ende des 18. Jahrhunderts umfaßten die Arbeiten der Hauptsache nach doch nur Schutzbauten am Unterlauf der Wildbäche. Daß man hierbei mitunter in sehr großzügiger Weise vorging, beweist das Beispiel des Centabaches im Suganatal, der früher zwischen den Ortschaften Caldonazzo und Caorzo abfloß und in den Caldonazzosee mündete. Als es nach dem Hochwasser des Jahres

1748 nicht mehr möglich war, den Wildbach in seinem sich immer mehr erhöhenden Bett zu erhalten, faßten die Bewohner der beiden Ortschaften den gemeinsamen Beschluß, um das größere Caldonazzo zu retten, die am rechten Bachufer gelegene, aus 60 Häusern bestehende Fraktion Caorzo preiszugeben und den Centabach über diese längs der Berglehne zur Brenta abzuleiten. Dieser Beschluß kam in den Jahren 1758 und 1759 auch zur Ausführung.[8]

Diese Beispiele alter Verbauungsanlagen, denen sich noch zahlreiche andere anreihen ließen, beweisen, daß man in Tirol den Kampf mit den Wildbächen schon vor langer Zeit und wohl früher als in den anderen Ländern tatkräftig und zielbewußt aufgenommen hat.[4] Doch sind auch anderwärts einzelne Arbeiten an Wildbächen ausgeführt worden. So wurde z. B. um 1570 eine mächtige Schutzmauer am Kirchbach in Hofgastein durch die dortigen Bürger und Gewerken errichtet,[9] und im Jahre 1590 wurde der „grob muelpach" aus der Ortschaft Niedernsill, im Pinzgau, gegen Osten abgeleitet.[10]

Die großen Hochwässer, die in der zweiten Hälfte des 18. Jahrhunderts über Tirol hereinbrachen, lenkten die Aufmerksamkeit immer mehr auf die verderbliche Wirkung der Geschiebeführung der Wildbäche. Nachdem schon im Jahre 1778 Dr. Franz von Zallinger zum Thurn, Professor an der Universität in Innsbruck, in seinem Büchlein „De inundatione", welches im folgenden Jahr unter dem Titel „Von den Überschwemmungen in Tyrol" auch in deutscher Sprache erschien, verschiedene Maßnahmen an den Bächen und Flüssen sowie die Schonung der Wälder empfohlen hatte, erließ am 9. Mai 1788 der Gouverneur Wenzel Graf Sauer einen Aufruf, in dem er die Bevölkerung zur Ausführung von Schutzvorkehrungen an den Bächen und zur Vorsicht bei der Bewirtschaftung der Waldungen und sonstigen Grundstücke in den Sammelgebieten der Wildbäche aufforderte.[11] Es scheint jedoch, daß auch dieser Aufruf nicht viel gefruchtet habe.

Veranlaßt durch die Murgänge, die im Jahre 1807 mehrere Orte Nordtirols verheert hatten, schrieb Georg Freiherr von Aretin, Wasserbaudirektor der Provinz Tirol unter der bayrischen Regierung, im Jahre 1808 seine Abhandlung „Über Bergfälle und die Mittel, denselben vorzubeugen oder wenigstens ihre Schädlichkeit zu vermindern mit vorzüglicher Rücksicht auf Tyrol", in der er als erster deutscher Schriftsteller die Bedeutung der Verbauungsmaßnahmen im Sammelgebiet der Wildbäche in richtiger Weise betonte, allerdings ohne sich in technische Details einzulassen und mehr als allgemein gehaltene Empfehlungen zu geben.

Erst der tirolische Baudirektionsadjunkt Josef Duile gab in seinem berühmt gewordenen Werkchen „Über Verbauung der Wildbäche in Gebirgsländern" im Jahre 1826 eingehende technische Anleitungen zur Ausführung von Verbauungen und sonstigen Maßnahmen zur Beruhigung der Wildbäche. Er muß als der eigentliche Altmeister der Wildbachverbauung und seine Schrift als das erste Lehrbuch derselben bezeichnet werden. Duile hat auf die zu seiner Zeit in Tirol ausgeführten Verbauungsarbeiten maßgebenden Einfluß genommen und war auch der Lehrmeister der Schweizer: im Jahre 1841 wurde er als sachkundiger Berater in den Kanton Glarus gerufen und gab die ersten Anleitungen für die Ausführung der dortigen Wildbachverbauungen.[12]

Frankreich, das so häufig als die Wiege der Wildbachverbauung bezeichnet wird, folgte auf diesem Gebiet erst später, und Professor CULMANN erzählt, daß er noch im Jahre 1860 zwar mit durch die französische Literatur hoch gespannten Erwartungen das Gebiet der französischen Alpen besucht habe, um die dort ausgeführten Verbauungen zu studieren, daß er aber zu seiner großen Enttäuschung nur in der wenig gefährlichen Roise bei Grenoble drei kleine Sperren vorgefunden habe und diese in beschädigtem Zustand.[12]

Trotz DUILES Wirken blieben aber systematische Verbauungsarbeiten auch in Tirol nur sehr vereinzelt. Eines der wenigen Beispiele einer solchen Tätigkeit ist der Rivo Varone oder Magnone bei Riva, woselbst in den Jahren 1846 bis 1852 eine Abtreppung der angebrochenen Grabenstrecke mittels 84 Querwerken ausgeführt wurde[13]. Diese Werke bestanden aus Pfahlreihen mit je einer oberen und unteren, nach rückwärts verankerten Langschwelle, welche mit Steinen hinterbeugt waren und den Fuß der Bruchfläche von weiteren Wasserangriffen schützten.

Im übrigen beschränkte man sich damals noch in der Hauptsache auf einzelne Stauwerke und Schutzbauten am Unterlaufe. Auch das für die Regulierung der Wildbäche, namentlich des Noce, Avisio und der Fersina bestimmte Drittel des mit den Hofdekreten vom 5. Juni 1828 und 12. März 1835 bewilligten jährlichen Staatsbeitrages von 30.000 fl. zur Etschregulierung[14] wurde ausschließlich für solche Arbeiten verwendet, unter denen

Abb 1. Josef Duile 1776—1863
Tirol. Baudirektions-Adjunkt.*

die mit der Herstellung eines großen Ablagerungsplatzes verbundene Ableitung des Noceflusses von Mezolombardo gegen Zambana besondere Erwähnung verdient.

Aus Salzburg und Oberösterreich ist die in der ersten Hälfte des vorigen Jahrhunderts erfolgte Errichtung einiger einwandiger Holzsperren im Sturmbach im Oberpinzgau[15] und von 155 Holzsperren in 23 Seitengräben des Gosaubaches im Salzkammergut bekannt, die teils zu Stau-, teils zu Bodenbefestigungszwecken in den 1820er Jahren von der Staatsforstverwaltung erbaut wurden.[16]

Die großen Hochwässer der Jahre 1848 und 1851 veranlaßten die Ausführung von Verbauungsarbeiten auch in Kärnten, woselbst in mehreren Wildbächen des Drau- und Kanaltals Holz- und Steinsperren zum Zweck des Geschieberückstaues errichtet wurden.[10, 17]

Mittlerweile waren die Verhältnisse am Etschfluß immer ungünstiger und die Regulierung desselben immer dringender geworden und von namhaften Wasserbaumeistern war wiederholt auf die Notwendigkeit der Verbauung der Wildbäche hingewiesen worden.[14] Ähnliches trifft auch für den Rhein in Vorarlberg zu.[18] Aber auch diese Gutachten blieben zunächst ohne Wirkung.

Da gelang es um die Mitte der 1870er Jahre dem Landesforstinspektor von

---

* DUILE wurde am 19. März 1776 in Graun, Vinschgau, geboren; im Schrifttum enthaltene anders lautende Angaben sind nicht zutreffend.

Trient JOHANN RIEDER, das Interesse der Bevölkerung des Fersinatals für die Unschädlichmachung der dortigen Wildbäche zu wecken und sie zur Ausführung von Verbauungsarbeiten in den Sammelgebieten zu bewegen, deren Kosten sie — abgesehen von einer kleinen Landesunterstützung — selbst tragen mußten.[5] Die Leitung der betreffenden Arbeiten, die sich grundsätzlich auf Bauten zur Bodenbefestigung und auf Berasungen und Aufforstungen beschränkten, oblag dem Bruder des Vorgenannten, dem damaligen Forstadjunkten CORNELIUS RIEDER in Pergine. Die beiden Brüder hatten damals noch keine Kenntnis von den französischen Verbauungsarbeiten und entwickelten selbständig ein diesen ähnliches System.[19]

Im Jahre 1879 wurde sodann mit dem Gesetz für die Etschregulierung in der Strecke von St. Michele bis Sacco auch ein Betrag von 350.000 fl. für die Verbauung des Avisio und ein solcher von 100.000 fl. für Aufforstungen, kleine Talsperren und ähnliche Arbeiten in den anderen Seitenbächen sichergestellt. Ersterer wurde in den Jahren 1880 bis 1886 zur Erbauung der monumentalen Talsperre von St. Giorgio am Ausgang der Avisioschlucht bei Lavis und zu Schutzbauten am Avisio-Unterlauf unter bautechnischer Leitung verwendet, während letzterer die Möglichkeit bot, die bereits erwähnte Verbauungs- und Aufforstungstätigkeit im Fersinagebiet unter forsttechnischer Leitung etwas ausgiebiger zu gestalten und auch auf einige Wildbäche des Avisio- und unteren Etschtals auszudehnen. Diese Arbeiten haben sich anläßlich der Hochwasserkatastrophe des Jahres 1882 vorzüglich bewährt.

Gegen Ende der 1870er Jahre setzte auf Grund des Gesetzes vom 17. Juni 1875 betreffend die Gailregulierung auch eine Verbauungstätigkeit in den Zuflüssen der Gail in Kärnten ein, woselbst durch die Gailbauleitung aber beinahe ausschließlich nur vereinzelte Stausperren in etwa zehn Wildbächen erbaut wurden.[20] Ebenso wurden in mehreren Seitenbächen des Möll- und Drautals noch vor dem Hochwasser 1882 Talsperren errichtet und sonstige Schutzbauten ausgeführt.[5]

Den Hauptanstoß zu einer lebhafteren Verbauungstätigkeit gaben dann die beiden furchtbaren Hochwasserkatastrophen, die im September und Oktober 1882 rasch hintereinander über Südtirol und Oberkärnten hereinbrachen und ungeheure Verwüstungen verursachten.

Um einer Wiederholung derartiger Schäden tunlichst vorzubeugen, wurde mit dem Reichsgesetz vom 13. März 1883 der Gewässerregulierungsfonds für Tirol geschaffen.[21] Zur Oberleitung der Bauten wurde eine eigene Landeskommission bestellt, deren Geschäfte durch das Statthaltereipräsidium in Innsbruck geführt wurden. Von den Wildbachverbauungsarbeiten wurden die Hauptschluchtverbauungen und die geschlossenen Regulierungen mit einem Gesamtaufwand von 1,726.500 fl. von bautechnischer Seite durchgeführt,[22] die übrigen Arbeiten aber den Forsttechnikern der politischen Verwaltung übertragen, zu deren Unterstützung eine Anzahl von Forstassistenten durch die Landeskommission bestellt wurde.[21]

Mittlerweile hatte sich das Wildbachverbauungswesen in Frankreich unter der Leitung der Staatsforstverwaltung in vorbildlicher Weise entwickelt und war zu dem sogenannten forstlichen System ausgebildet worden, das besonderes Gewicht darauf legt, die Wirkung der baulichen Herstellungen durch Aufforstungen zu sichern. Diese ihm auf seinen Reisen bekanntgewordenen Verbauungen veranlaßten den Professor der Hochschule für Bodenkultur in Wien, Dr. ARTHUR FREIHERR VON

SECKENDORFF die Regierung auf die erzielten außerordentlich günstigen Erfolge aufmerksam zu machen und die Einleitung einer gleichartigen systematischen Tätigkeit in Österreich anzuregen. Durch seine literarischen Arbeiten und durch zahlreiche Vorträge wußte SECKENDORFF das Interesse für die Wildbachverbauung zu wecken und das Verständnis für ihre Wichtigkeit zu heben; er wurde einer der Bahnbrecher der Wildbachverbauung in Österreich.[11] *

Schon im Wintersemester 1879/80 hielt er einschlägige Vorlesungen an der Hochschule für Bodenkultur, aber erst fünf Jahre später erhielt er einen bezüglichen Lehrauftrag.

Über seine Anregung und unter seiner Führung trat im Juni 1883 der Ackerbauminister JULIUS GRAF FALKENHAYN eine Reise nach Südfrankreich an, um die dortigen Verbauungen kennenzulernen und daraus die Nutzanwendung für Österreich zu ziehen. Auf der Rückreise wurden dann die Verheerungen besichtigt, die das Hochwasser des Jahres 1882 in Südtirol und Kärnten angerichtet hatte.[5, 23]

Schon vorher hatte die Regierung im Parlament zwei Gesetzentwürfe eingebracht, deren erster die „Förderung der Landeskultur auf dem Gebiete des Wasserbaues" betraf und die Bildung eines staatlichen Meliorationsfonds zwecks Sicherstellung der Mittel für die Durchführung von Wasserschutzbauten und Meliorationen vorsah. Diesem Fonds floß zunächst ein Staatsbeitrag von jährlich 500.000 fl. zu, der später erhöht wurde. Jedes aus diesem Fonds unterstützte Unternehmen mußte landesgesetzlich geregelt werden. Der zweite Gesetzentwurf, betreffend die „unschädliche Ableitung der Gebirgswässer", hatte den Zweck, eine gesetzliche Grundlage für die Ausführung der Wildbachverbauungsarbeiten und für die zu diesem Zweck notwendigen Enteignungen und sonstigen Eigentumsbeschränkungen zu schaffen und war den einschlägigen französischen Gesetzen nachgebildet, jedoch den österreichischen Verhältnissena angepaßt. Diese beiden Gesetzentwürfe wurden vom Parlament angenommen und am 30. Juni 1884 als Gesetze kundgemacht. Sie bilden die Grundlage für den Wildbachverbauungsdienst in Österreich.[11, 24]

Das französische Vorbild und die in Südtirol unter forstlicher Leitung erzielten Erfolge, ferner die Notwendigkeit, die baulichen Maßnahmen in den Wildbachgebieten durch Aufforstungen und andere kulturelle Maßnahmen zu ergänzen und zu sichern, bewogen die Regierung, die Verbauungsarbeiten in Österreich ebenfalls Forsttechnikern zu übertragen. Um diesen Gelegenheit zu geben, die Verbauungsarbeiten und deren Betrieb kennenzulernen und diesen in Österreich in ähnlicher Weise einzurichten, entsandte im Frühjahr 1884 das Ackerbauministerium 15 Forsttechniker unter Führung seines forsttechnischen Referenten, des Oberforstrates JOHANN SALZER, zu einer Studienreise in die Wildbachgebiete Frankreichs.[25]

Mit Erlaß des Ackerbauministeriums vom 5. Juni 1884 wurde sodann die forsttechnische Abteilung für Wildbachverbauungen in unmittelbarer Unterstellung

---

* Dr. ARTHUR FREIHERR VON SECKENDORFF-GUDENT, geb. am 1. Juli 1845 in Schweizerhalle nächst Basel, Professor an der Hochschule für Bodenkultur in Wien, Vorstand der Zentralanstalt für das forstliche Versuchswesen in Mariabrunn, organisierte diesen Dienst in Österreich und entfaltete eine emsige forstlich-literarische Tätigkeit. Infolge eines schweren geistigen und körperlichen Leidens setzte er am 29. November 1886 seinem Leben ein frühes Ziel.

unter diese Zentralbehörde errichtet. Sie gliederte sich damals in die Sektionen
Teschen und Villach, erstere für die Kronländer Böhmen, Mähren, Schlesien, Galizien
und Bukowina, letztere für die anderen Länder mit Ausnahme Dalmatiens, woselbst
allfällige Arbeiten unter der Leitung des Landesforstinspektors durch die Forsttechniker der politischen Verwaltung durchgeführt werden sollten.[10] An die Spitze
dieser Abteilung wurde Oberforstrat JOHANN SALZER* berufen, der zusammen mit
Ministerialrat ANTON RITTER VON RINALDINI schon auf die Schaffung der beiden
vorerwähnten Gesetze maßgebenden Einfluß genommen hatte. SALZER hat die von
Seckendorff gegebenen Anregungen in die Tat umgesetzt und den Wildbachverbauungsdienst in Österreich organisiert. Er trachtete hierbei, den Bürokratismus

Abb. 2. Johann Salzer
1840–1895.

nach Möglichkeit auszuschalten und war mit Erfolg
bestrebt, zur Erzielung der erforderlichen Einheit-
lichkeit des Dienstes den Sektionen eine von den
politischen Behörden tunlichst unabhängige Stellung
einzuräumen.

Um auch in Hinkunft mit der Theorie des Ver-
bauungswesens vertrautes Personal zur Verfügung
zu haben, erklärte das Ackerbauministerium im
Jahre 1884 den Besuch der Vorlesungen über das
forstliche System der Wildbachverbauung sowie die
Ablegung einer Prüfung über dieses Fach an der
Hochschule für Bodenkultur für Anwärter des
Staatsforstdienstes für verbindlich.[11]

Schon im Sommer 1884 begannen die Sektionen
ihre Tätigkeit, zunächst mit Erhebungen und Auf-
nahmen zur Verfassung der Verbauungsprojekte. Im
selben Jahr waren auch die Reichs- und Landesgesetze für die Regulierung der Drau
vom 27. April 1884 in Kraft getreten[10, 26], welche für die hauptsächlich durch das
Hochwasser von 1882 notwendig gewordenen Arbeiten in Oberkärnten einen Fonds
von 2,500.000 fl. sicherstellten. Von demselben war ein Betrag von 405.000 fl. für die
Verbauung der Wildbäche bestimmt,[10] die der neu errichteten Sektion Villach unter
der Oberleitung der Drauregulierungskommission übertragen wurde. Die Bestimmung, nach welcher der Interessentenbeitrag zu diesen Arbeiten vom Staat zinsenfrei
gegen Abstattung in fünf Jahren ab 1894 vorgestreckt und auf die Interessenten des
Gesamtunternehmens durch eine Schätzungskommission aufgeteilt wurde,[27] hatte
zur Folge, daß die Drauregulierungskommission die einzelnen Unternehmungen
unabhängig vom Zahlungsvermögen und Zahlungswillen der örtlichen Interessenten
aus dem verfügbaren Gesamtkredit ausführen lassen und hierbei den technischen
Grundsätzen voll Rechnung tragen konnte.

---

* JOHANN SALZER, geb. im Jahre 1840 in Prag, wurde nach langjähriger Dienstleistung in Kroatien, Steiermark, Krain und im Küstenland im Jahre 1878 als forsttechnischer Referent in das Ackerbauministerium berufen, organisierte den Forstdienst
der politischen Verwaltung auf neuer Grundlage, leitete die systematische Karstauf-
forstung in die Wege und organisierte den Wildbachverbauungsdienst in Österreich.
Er rückte zum Ministerialrate und Departementvorstande auf und wurde am 22. Februar 1895 durch den Tod mitten aus seiner ersprießlichen Tätigkeit gerissen.

Was die ursprünglich den Forsttechnikern der politischen Verwaltung zugewiesenen Wildbachverbauungen der Gewässerregulierung in Tirol betrifft, so wurden die dringendsten schon 1883 eingeleitet. Behufs Entlastung dieser Organe wurden aber diese Arbeiten im Jahre 1886 ebenfalls der Wildbachverbauungssektion Villach übertragen, die in Südtirol vier Bauleitungen aufstellte. Diese wurden aber schon im Jahre 1888 wieder aus dem Verbande der Sektion gelöst und als Expositur mit

Abb. 3. Gödnacher Bach, Osttirol, Abtreppung mittels trocken gemauerter Sperren, Bruchflächen noch nicht begrünt.

dem Amtssitz in Brixen der Landeskommission für die Regulierung der Gewässer bzw. dem Statthaltereipräsidium in Innsbruck unterstellt.[10]

Der Umstand, daß bei den beiden Hochwasserkatastropen des Jahres 1882 in einer außerordentlich großen Anzahl von Wildbächen Verbauungen zum Schutz bedrohter Liegenschaften notwendig geworden waren und der Wunsch, möglichst vielen Beteiligten Hilfe zu bringen, verleitete bei der Tiroler Gewässerregulierungsaktion jedoch zu einer starken Zersplitterung der von Haus aus unzureichenden Geldmittel, deren zweckmäßigste Verwendung weiter noch durch die landesgesetzlichen Bestimmungen über die Beitragsleistung der örtlichen Interessenten erschwert wurde.

In den anderen Ländern war die Wildbachverbauung damals noch wenig bekannt, sie konnte daher nur langsam Fuß fassen, und die Bautätigkeit blieb in den

ersten Jahren auf ganz wenige Arbeitsfelder beschränkt. Trotzdem nötigte der große
Umfang der Sektionsgebiete schon im Jahre 1888 zu einer Vermehrung der Sektionen
und es wurden an Stelle der früheren zwei nunmehr fünf geschaffen, nämlich in
Przemysl, Landskron (später nach Königliche Weinberge verlegt), Linz, Zara und
Villach.[28]

Ähnlich wie in Tirol und Kärnten wurde aber auch in den übrigen Ländern
durch Hochwasserkatastrophen die Notwendigkeit von Wildbachverbauungen
schlagend bewiesen, und namentlich die großen Hochwässer, die 1888 und 1890

Abb. 4. Langbathbach bei Ebensee, Oberösterreich; durch Grundschwellen und Leitwerke
gesicherte Bachstrecke, Lehnenbindung begonnen.*

das österreichische Rheingebiet,[18] sowie 1897 und 1899 große Teile von Salzburg,
Oberösterreich und Steiermark verheerten, gaben Anlaß zum Einsetzen einer stark
erhöhten Bautätigkeit. Besondere Erwähnung verdienen hierbei die auf Grund des
Staatsvertrags mit der Schweiz vom 30. Dezember 1892 eingeleitete Verbauung
der österreichischen Rheinzuflüsse und die umfangreiche Gewässerregulierungsaktion in Oberösterreich. Eine besonders sorgfältige Verbauung wurde für die Zubringer der Elbe und Moldau in Böhmen nötig, weil die mit dem Reichsgesetz vom
11. Juni 1901 und mit dem böhmischen Landesgesetz vom 13. Februar 1903 geregelte
Kanalisierung dieser Flüsse ihr Gefälle in den Haltungen zwischen den einzelnen
Staustufen derart herabmindert, daß es zur Geschiebeabfuhr nicht mehr ausreicht.

Während zu Ende des Jahres 1898, also 14 Jahre nach Gründung der Sektionen,
durch diese nur eine Gesamtsumme von nicht ganz 6,3 Mill. Kronen (davon 3,2 Mill.

---

* Die Abbildungen 4—6 sind entnommen aus: G. STRELE, Grundriß der Wildbachverbauung. Verlag Julius Springer, Wien 1934.

in Tirol und Kärnten) verbaut worden war,[26] erreichte die Gesamtbausumme zu Ende des Jahres 1906, also acht Jahr später, schon mehr als 36,7 Mill. Kronen.[24] Auch weiterhin nahm die Bautätigkeit rasch zu, besonders da sich auch in den Sudetenländern und in Galizien die Notwendigkeit herausstellte, die Erfolge der dort eingeleiteten großzügigen Flußregulierungen durch eine Verbauung der Geschiebezubringer dauernd zu sichern[29] und dort sowie auch in den Karstländern und in Dalmatien den Kulturboden zu schützen und nach Möglichkeit zu vermehren. Bis zum Jahre 1912 stieg der jährliche Bauaufwand ununterbrochen an und erreichte in diesem Jahre mit 7,779.600 Kronen sein Maximum.[30]

Diese stark ansteigende Bautätigkeit beleuchtet wohl am besten das wachsende Vertrauen, das die Bevölkerung der Wildbachverbauung schon bald entgegenbrachte.

Die Zunahme der Bautätigkeit machte aber auch eine weitere Ausgestaltung der Dienstorganisation nötig. Schon im Jahre 1902 wurden die bis dahin in einem Departement des Ackerbauministeriums vereinigten Agenden des forstpolitischen und Wildbachverbauungs-Dienstes getrennt und für letzteren ein eigenes Departement geschaffen, zu dessen Leitung Forstrat, später Ministerialrat, FERDINAND WANG berufen wurde.*

Abb. 5. Schesatobel bei Bludenz, Vorarlberg; Sperrenreihe zur Sohlenhebung.
Aufn. Jos. Hegenbart, Bludenz.

WANG, der 1887 nach dem frühen Tod Professor SECKENDORFFS die Vorlesungen über Wildbachverbauung an der Hochschule für Bodenkultur übernommen hatte,

---

* Ing. FERDINAND WANG, geb. am 23. Dezember 1855 in Bolechowitz in Böhmen, diente in mehreren Ländern Österreichs bei der Staatsforstverwaltung, der politischen Verwaltung und Wildbachverbauung und dann nahezu drei Jahrzehnte im Ackerbauministerium, wo er 1902 zum Vorstande des Departements für Wildbachverbauung aufrückte. Für seine Verdienste wurden ihm mehrere in- und ausländische Ordensauszeichnungen und 1912 der Titel eines ordentlichen Hochschulprofessors verliehen. Anläßlich seiner Versetzung in den Ruhestand 1916 wurde er mit dem Ehrenworte „Edler von" in den Adelsstand erhoben. Dieser Ehre konnte er sich aber nur kurzer Zeit erfreuen, da er schon am 26. April 1917 einem schweren Leiden erlag.

war schon als Forstinspektionsadjunkt ins Ackerbauministerium einberufen worden. Sein Name ist mit der Entwicklung des österreichischen Wildbachverbauungsdienstes aufs engste verknüpft; er hat die Organisation unter Beibehaltung der seit Jahrzehnten bewährten Grundzüge dem mittlerweile gewachsenen Umfang der Aufgaben entsprechend weiter ausgebaut und auf die Bautätigkeit maßgebenden Einfluß genommen. Die Verbesserung der gesetzlichen Grundlagen für die finanzielle Unterstützung der Verbauungsunternehmungen aus öffentlichen Mitteln (Gesetz vom 4. Januar 1909) und die Erleichterung der künftigen Bauerhaltung sind auf seine Anregungen zurückzuführen. Der von ihm verfaßte zweibändige „Grundriß der Wildbachverbauung" steht in der Fachliteratur heute noch mustergültig da, und zahlreiche andere einschlägige Veröffentlichungen sind die Frucht seiner außerordentlichen Arbeitskraft. Seine Mitwirkung bei zahlreichen Kongressen und Ausstellungen haben nicht unwesentlich dazu beigetragen, die österreichische Wildbachverbauung bekanntzumachen und ihr Ansehen im In- und Ausland zu heben.[30] Auch die Zahl der dem Ackerbauministerium unterstehenden Dienststellen für Wildbachverbauung wurde auf Grund seiner Anregung nach Bedarf vermehrt. Es bestanden bei Kriegsausbruch: eine Sektion in Sambor für Galizien und Bukowina mit einer Expositur in Lemberg für die aus dem galizischen Flußkredit zu bestreitenden Verbauungen und einer Expositur in Czernowitz; eine Sektion in Königl. Weinberge für Böhmen, Mähren und Schlesien mit je einer Expositur in Troppau und Brünn; eine Sektion in Linz für Oberösterreich und Salzburg; eine Expositur in Wiener-Neustadt für Niederösterreich; eine Sektion in Graz für Steiermark; eine in Villach für Kärnten, Krain und Küstenland mit je einer ständigen Bauleitung in Laibach und Triest; eine Sektion in Innsbruck für Tirol und Vorarlberg mit einer Expositur in Trient und eine Sektion in Zara für Dalmatien.

Die forsttechnische Abteilung für Wildbachverbauungen hatte im Jahre 1914 einen systemisierten Personalstand von 118 Forstingenieuren, außer denen weiter noch 32, teils vorübergehend zugeteilte, teils vertragsmäßig angestellte Forstingenieure in Verwendung standen.[30]

Der Ausbruch des Weltkrieges im Juli 1914 brachte eine plötzliche Einstellung der meisten Arbeiten mit sich, Arbeiter, Aufseher und Ingenieure mußten zur Kriegsdienstleistung einrücken, von letzteren allmählich bis 70% der Gesamtzahl. So mancher von ihnen ist auf dem Felde der Ehre geblieben.

Während des Krieges kamen in der Hauptsache nur Abschlußarbeiten zur Sicherung des Bestehenden, Erhaltungsarbeiten und Schutzbauten zur Sicherung besonders wichtiger landeskultureller Werte oder von öffentlichen Verkehrswegen zur Ausführung.[30]

Von 1883 bis Ende 1914 erstreckten sich die Arbeiten auf 1509 Arbeitsfelder mit einer Gesamtfläche von 3,5 Mill. Hektar; der Gesamtaufwand für die Arbeiten betrug bis dahin 83,122.737 Kronen. Davon entfielen auf das Gebiet der späteren Republik Österreich rund 36,872.000, auf das Gebiet der Nachfolgestaaten 46,251.000 Kronen. In den Jahren 1915 bis 1919 wurden ferner im erstgenannten Gebiete noch rund 5,411.000 Papierkronen im Werte von 1,933.000 Goldkronen für Wildbachverbauungen aufgewendet, so daß sich ein Gesamtbetrag von rund 85 Mill. Goldkronen ergibt, den Altösterreich in den Jahren 1883 bis 1919 für die durch die Forsttechniker ausgeführten Verbauungsarbeiten aufgewendet hat.

Die Staatsunterstützungen für diese Bauten wurden — soweit nicht eigene Kredite hierfür bewilligt worden waren — aus dem staatlichen Meliorationsfonds, der im Jahre 1914 mit 8 Mill. Kronen dotiert war, und aus einer weiteren Kreditpost von 4 Mill. Kronen für kleinere, nicht gesetzlich zu regelnde Meliorationsarbeiten bestritten, von welchen Summen aber große Teilbeträge auch für andere Zwecke bestimmt waren.

Als trotz aller von den verbündeten Mittelmächten erfochtenen glänzenden Siege der Weltkrieg einen unglücklichen Ausgang genommen und mit der Zertrümmerung der alten Monarchie geendet hatte, verblieb vom Gebiete der früheren cisleithanischen Reichshälfte nur weniger als ein Drittel dem nun zum Bundesstaat gewordenen Österreich. Ungeachtet gegenteiliger Bestrebungen blieb in diesem die Wildbachverbauung Sache des Bundes, und ihre altbewährte Organisation wurde nicht geändert. Sie wurde aber durch die Gründung neuer Sektionen ausgebaut: das im Friedensvertrag zu Österreich geschlagene Burgenland gehört nun zusammen mit Niederösterreich zum Amtsbereich der Sektion Wien; in allen anderen Bundesländern bestehen hingegen eigene Sektionen, und zwar mit dem Amtssitz in den Landeshauptstädten; nur die Sektion für Kärnten, die sich seit 1884 in Villach befindet, macht hiervon eine Ausnahme. An dieser Organisation und Diensteseinteilung wurde auch durch die ENDERsche Verfassungsreform 1934 nichts geändert. Im Staatsamte für Land- und Forstwirtschaft, das später wieder die Bezeichnung Ministerium erhielt, war das Departement für Wildbachverbauung zu Kriegsende zwar mit jenem für Forstpolizei zusammengelegt, im Jahre 1924 aber von demselben wieder abgetrennt worden und kam dann unter die zielbewußte Leitung des Ministerialrats Ingenieur Dr. OTTOKAR HÄRTEL.

Die Wiedereingliederung der aus dem Kriege heimgekehrten Ingenieure und Angestellten in den Dienst ging zwar ohne nennenswerte Reibungen vor sich, doch ergaben sich bezüglich der Arbeiter insofern Schwierigkeiten, als früher größtenteils solche aus den nun von Österreich abgetrennten Gebieten (Südtirol, Krain und Küstenland) beschäftigt waren, die jetzt ausblieben, die Heimkehrer aber sich großenteils nur langsam und schwer wieder in das bürgerliche Leben eingewöhnten. Ihrer mitunter ans Revolutionäre gemahnenden Einstellung wurde seitens der Regierung durch Einführung der Arbeiter- und Betriebsräte Rechnung getragen. Zu diesen Schwierigkeiten kam noch die unheimlich rasch fortschreitende Geldentwertung, die alle angesammelten Baufonds vollständig entwertete und jede Kostenveranschlagung in kürzester Zeit wertlos machte.

Der Meliorationsfonds hörte auf zu bestehen, und für die einzelnen Bauvorhaben — auch wenn sie sich auf mehrere Jahre erstreckten — konnten die Mittel jeweils für höchstens ein Jahr sichergestellt werden. Seit dem Jahre 1922 geschieht dies in Form von Jahresbauprogrammen, was zwar die Anpassung an zwischenzeitig eingetretene Änderungen der Verhältnisse erleichterte, aber den Nachteil mit sich brachte, daß man bei den einzelnen Bauten nicht mehr mit bestimmten Beträgen für die Fortsetzung rechnen kann.

In den ersten Jahren nach Kriegsende hielt sich die Bautätigkeit in sehr engen

Grenzen und beschränkte sich hauptsächlich auf Arbeiten, die durch Hochwässer unaufschieblich gemacht worden waren. Allmählich aber nahm sie wieder zu, und seit 1925 ist ein neuerliches Aufblühen zu verzeichnen. Während die Jahresbausumme im Jahre 1922 nur 590.000 S betrug, stieg sie bis zum Jahre 1930 wieder auf 6,560.000 S an. In den folgenden Jahren machte sich die wirtschaftliche Weltkrise auch in Österreich geltend und zwang zu größter Sparsamkeit mit den öffentlichen Geldern. Dies brachte eine neue Einschränkung der Verbauungsarbeiten mit sich, die wohl vorübergehend durch die „Produktive Arbeitslosenfürsorge" und den „Freiwilligen Arbeitsdienst" ausgeglichen wurde, in den Jahren 1936 und 1937 aber doppelt stark zur Geltung kam, indem die Baukredite gegenüber den Vorjahren um mehr als die Hälfte gekürzt wurden. — Der Gesamtbauaufwand in der Zeit von 1920 bis einschließlich 1934 übersteigt den Betrag von 77 Mill. Schilling.

* * *

Abb. 6. Schieflingbach am Ossiacher See, Kärnten; abgetreppte Bachstrecke, Bruchfläche zum Teil bereits aufgeforstet und verwachsen.

Von der Erkenntnis ausgehend, daß die Hauptursache der verderblichen Tätigkeit der Wildbäche die Geschiebeführung ist, erachtete es die forsttechnische Abteilung für Wildbachverbauung stets als ihre Hauptaufgabe, die Geschiebeerzeugung in den Sammelgebieten der Wildbäche zu bekämpfen. Sie suchte zu diesem Zwecke sowohl das gestörte Gleichgewicht des in Bewegung befindlichen Bodens durch bauliche Vorkehrungen wieder herzustellen, als die Oberfläche der Rutschungen und Bruchflächen durch Bildung einer kräftigen Pflanzendecke — namentlich durch Aufforstungen — zu binden und zu festigen und endlich durch kulturelle und bodenwirtschaftliche Maßnahmen den Wasserabfluß nach Möglichkeit auszugleichen. Nach Bedarf schlossen sich an diese Vorkehrungen Bauten zum unmittelbaren Schutz bedrohter Liegenschaften an den Bachunterläufen.

So weit es nötig oder zweckmäßig erschien, wurden Hand in Hand mit den Verbauungsarbeiten auch andere Herstellungen durchgeführt, wie z. B. der Umbau von Wehren für gewerbliche und industrielle Zwecke, Weganlagen zur Aufschließung der Arbeitsfelder oder zur Holzabfuhr als Ersatz für die aufzulassende Trift, die Wiederinstandsetzung vom Hochwasser zerstörter Straßenstrecken, Quellfassungen und dergleichen mehr.

Der forsttechnischen Abteilung ist auch die Lawinenverbauung — soweit diese nicht zum Schutze von Eisenbahnen von den Bahnverwaltungen ausgeführt werden — übertragen. Die bezüglichen Arbeiten hielten sich zwar bisher in verhältnismäßig engen Grenzen, weisen aber trotzdem, je nach den verschiedenen Verhältnissen, große Mannigfaltigkeit auf.

Wenn sich auch seit der Gründung der forsttechnischen Abteilung im Jahre 1884 die Baumittel, Bauweisen und Werksformen zum Teil geändert haben, so ist doch eine grundsätzliche Änderung der Verbauungstechnik nicht nötig geworden, und viele wohlgelungene Verbauungen sowohl im heutigen Österreich als in den Nachfolgestaaten beweisen, daß die befolgten Grundsätze richtig waren.

Von den Nachfolgestaaten setzen — so viel bekannt — nur Italien und die Tschechoslowakei die Wildbachverbauung in der von Altösterreich begonnenen Weise zielbewußt fort, wobei Ingenieure, die hier ihre theoretische und praktische Ausbildung erhalten haben, an leitenden Stellen mitwirkten und zum Teil noch mitwirken.

Als Professor ARTHUR FREIHERR VON SECKENDORFF im Jahre 1885 in Erfüllung des ihm übertragenen Lehrauftrages für Wildbachverbauung die erste Vorlesung hielt, führte er aus, daß Österreich als erstes Land die Unschädlichmachung der Wildbäche in Angriff genommen habe, daß es aber durch Frankreich und die Schweiz überflügelt worden sei, und forderte die Hörer auf, dahin zu streben, daß Österreich diesen Vorsprung wieder einhole. Seither ist mehr als ein halbes Jahrhundert verstrichen, und die forsttechnische Abteilung kann wohl mit berechtigtem Stolz darauf hinweisen, daß sie in unentwegter, treuer Pflichterfüllung das von SECKENDORFF gesteckte Ziel erreicht, und daß sie — wenn auch, namentlich in der ersten Zeit, mitunter Lehrgeld gezahlt werden mußte — viele Verbauungen geschaffen hat, die vom In- und Ausland als vorbildlich anerkannt werden.

In den letzten beiden Jahren war aber die Tätigkeit der Abteilung durch die Knappheit der verfügbaren Geldmittel stark gehemmt und auch für das laufende Jahr hatte man sich schon mit der Fortdauer dieser Hemmung abgefunden.

Mittlerweile hat unser Führer ADOLF HITLER in unvergleichlicher Entschluß- und Tatkraft Österreich heimgeführt ins Deutsche Reich, und am 26. März 1938 hat der mit der Durchführung des Vierjahresplanes betraute Ministerpräsident Generalfeldmarschall HERMANN GÖRING das Programm für den Wiederaufbau der Wirtschaft in Österreich bekanntgegeben. In demselben ist auch die zielbewußte Fortführung der Wildbachverbauung vorgesehen. Wenige Wochen später war für diesen Zweck schon ein Mehrfaches jenes Betrages bewilligt, auf den sonst für heuer zu rechnen gewesen wäre. Hierdurch wurden die finanziellen Fesseln gelöst, welche die forsttechnische Abteilung namentlich in der letzten Zeit in ihrer Tätigkeit behindert haben, und es ist mit allem Grunde zu erwarten, daß nun die Wildbachverbauung einen neuen Aufschwung nehmen und daß sie in großzügiger Weise fortgesetzt werde zu Nutz und Frommen unseres schönen Heimatlandes, zum Heile seiner Bevölkerung und zur Ehre unseres großen Deutschen Reiches!

Quellen und Schrifttum.

[1] OTTO STOLZ, „Geschichtskunde der Gewässer Tirols." Schlernschriften. Bd. 32, 1936.

[2] Bericht der Gemeinde Pergine vom 26. April 1892. Z. 552.

[3] C. Fischnaler, „Sterzing am Eisack und seine Umgebung." 1913.

[4] F. Kreuter, „Die Weißlahn bei Brixen." Ztschr. d. österr. Ing.- u. Arch.-Vereins. Wien 1899.

[5] A. v. Seckendorff, „Verbauung der Wildbäche, Aufforstung und Berasung der Gebirgsgründe." Wien 1884.

[6] A. Weber v. Ebenhof, „Der Gebirgswasserbau im alpinen Etschbecken." Wien 1892.

[7] Briefliche Mitteilungen des Bürgermeisters Franz Vida aus den Gemeindeakten von Cavalese. 1893.

[8] Berichte der Gemeinde Caldonazzo vom 23. Februar 1892, Z. 318 und vom 14. Juni 1893, Z. 551, sowie des Forstwartes Castelhuber vom 12. März 1892.

[9] Koch-Sternfeld: „Die Tauern, insbesondere das Gasteiner Tal und seine Heilquellen." 1820.

[10] „Die Wildbachverbauung in den Jahren 1883—1894." Herausg. vom k. k. Ackerbauministerium. Wien 1895.

[11] F. Wang, „Grundriß der Wildbachverbauung." Leipzig 1901—1903.

[12] Culmann: „Untersuchung der schweizerischen Wildbäche." Zürich 1864.

[13] Bericht der Gemeinde Riva vom 25. April 1892, Z. 1382.

[14] A. Weber v. Ebenhof, „Die Aufgaben der Gewässerregulierung, Wildbachverbauung und Wasserverwaltung in Österreich." Wien 1886.

[15] Technischer Bericht zum Projekte für die Verbauung des Sturmbaches. Linz 1898.

[16] Förster, „Das forstliche Transportwesen." Wien 1885.

[17] Toula, „Über Wildbachverheerungen und die Mittel, ihnen vorzubeugen." Wien 1892.

[18] Ph. Krapf, „Geschichte des Rheins zwischen Bodensee und Ragaz." Schriften des Vereines für Geschichte des Bodensees, Heft XXX, 1901.

[19] Briefliche Mitteilungen des Hofrates Cornel Rieder von 1931.

[20] P. Grueber, „Über Wildbäche und deren Verbauung im Gailtal." Ztschr. d. österr. Ing.- u. Arch.-Ver. Wien 1882.

[21] „Denkschrift über die 1883—1893 ausgeführten Wildbachverbauungsarbeiten in Tirol." Innsbruck 1894.

[22] „Denkschrift über die Ausführung bautechnischer Arbeiten für die Gewässerregulierung in Tirol." Innsbruck 1892.

[23] „Studienreise Sr. Exzellenz des Ackerbauministers Graf Falkenhayn." Centralbl. f. d. gesamte Forstwesen, Wien 1883.

[24] „Die Wildbachverbauung in Österreich." Herausg. vom Ackerbauministerium. Wien 1907.

[25] A. v. Seckendorff, „Die Wildbäche, ihr Wesen und ihre Bedeutung im Wirtschaftsleben der Völker." Wien 1886.

[26] „Die Wildbachverbauung in Österreich." Herausg. vom Ackerbauministerium. Wien 1900.

[27] „Zur Wildbachverbauung in Kärnten." Ztschr. f. d. gesamt. Forstwesen. 1885.

[28] F. Wang, „Fortschritt und Erfolg auf dem Gebiete der Wildbachverbauung." Wien 1890.

[29] St. Kruk, „Die volkswirtschaftliche Bedeutung der Wildbachverbauung in Galizien." Centralbl. f. d. gesamte Forstwesen, Wien 1911.

[30] Anonym, „Ein Rück- und Ausblick über die Wildbachverbauung in Österreich." Centralbl. f. d. gesamte Forstwesen, Wien 1916.

Geschichte der Donauregulierung bei Wien.[1]

Von

Generalstaatsarchivar Dr. **Viktor Thiel**, Graz.

Mit 5 Abbildungen.

Während oberhalb Wiens durch die Talbildung zwischen dem Kahlengebirge und dem Bisamberg, unterhalb Wiens durch die Enge zwischen dem Leithagebirge und den kleinen Karpathen die Natur den Lauf der Donau vorgezeichnet hat, war der Strom bis zur jüngsten Regulierung in der Ebene bei Wien sich frei überlassen. Er teilte sich in viele Arme, die infolge von Geschiebeablagerungen und Bildung von Sandbänken fortwährende Veränderungen ihres Laufes erfuhren. Sogar der Hauptarm der Donau wechselte im Laufe der Jahrhunderte allmählich sein Bett. Bei Hochwässern und Eisgängen endlich war durch die ungezügelte Elementarkraft des Stroms die Ebene bei Wien schutzlos der Verwüstung preisgegeben. In der Wiener Nationalbibliothek befindet sich ein Plan von Wien, den 1706 Oberst Leander Anguissola verfaßt hat. Er gibt ein Bild der Stadt und ihrer Vorstädte nach der 1704 erfolgten Anlage der Linienwälle; er ist der älteste Plan, der uns über die Laufverhältnisse der Donau im Weichbild der Stadt nähere Auskunft gibt.

Die Verwilderung des Stroms setzte seiner Verwertung als Handelsweg bedeutende Schwierigkeiten entgegen. Hierunter litt vor allem die Entwicklung des Wirtschaftslebens in Wien. Ist doch die Donau die natürliche Hauptverkehrsader, die von Süddeutschland nach Osteuropa führt und liegt doch Wien gerade im Schnittpunkt der von der deutschen Nordküste über die Weißkirchner Senke zur Adria führenden Verkehrslinie. So setzt denn auch die Geschichte der Donauregulierung bei Wien schon in den Zeiten ein, als die Stadt durch die kluge Handelspolitik Leopold des Glorreichen († 1230) und Friedrich des Schönen († 1330) zu einem Hauptstapelplatz und Niederlagsort für allen donauabwärts gehenden Verkehr geworden war. Es ist ein Jahrhunderte dauerndes mühseliges Ringen menschlicher Technik mit der Elementarkraft des Stroms; bedeutende Opfer wurden von Seite des Staatswesens, der Stände des Landes und der Bürgerschaft der Stadt im Dienste dieser Kulturaufgabe gebracht. Gleichwohl waren die erzielten Erfolge bis tief in das 19. Jahrhundert hinein stets nur gering und von kurzer Dauer; die Bewältigung des Problems schien eine Danaidenarbeit zu sein. Daß man trotz aller Mißerfolge den Gedanken der Regulierung nicht fallen ließ, läßt ermessen, einem wie tiefgehenden Bedürfnis er entsprang.

---

[1] Des Näheren verweise ich auf meine Abhandlung: Geschichte der Donauregulierungsarbeiten bei Wien, im Jahrbuch d. Vereins f. Landeskunde von Niederösterreich 1903 und 1905.

Die Wasserbautechnik unserer Vorfahren war einer so schwierigen Aufgabe nicht gewachsen; so waren denn die Regelungsarbeiten an der Donau in früheren Jahrhunderten nur Versuche und Stückwerk. Freilich ist man auch anderwärts mit ähnlichen Unternehmungen nicht glücklicher gewesen; so erwiesen sich auch die am Rhein bei Düsseldorf im 18. Jahrhundert ausgeführten Strombauten als

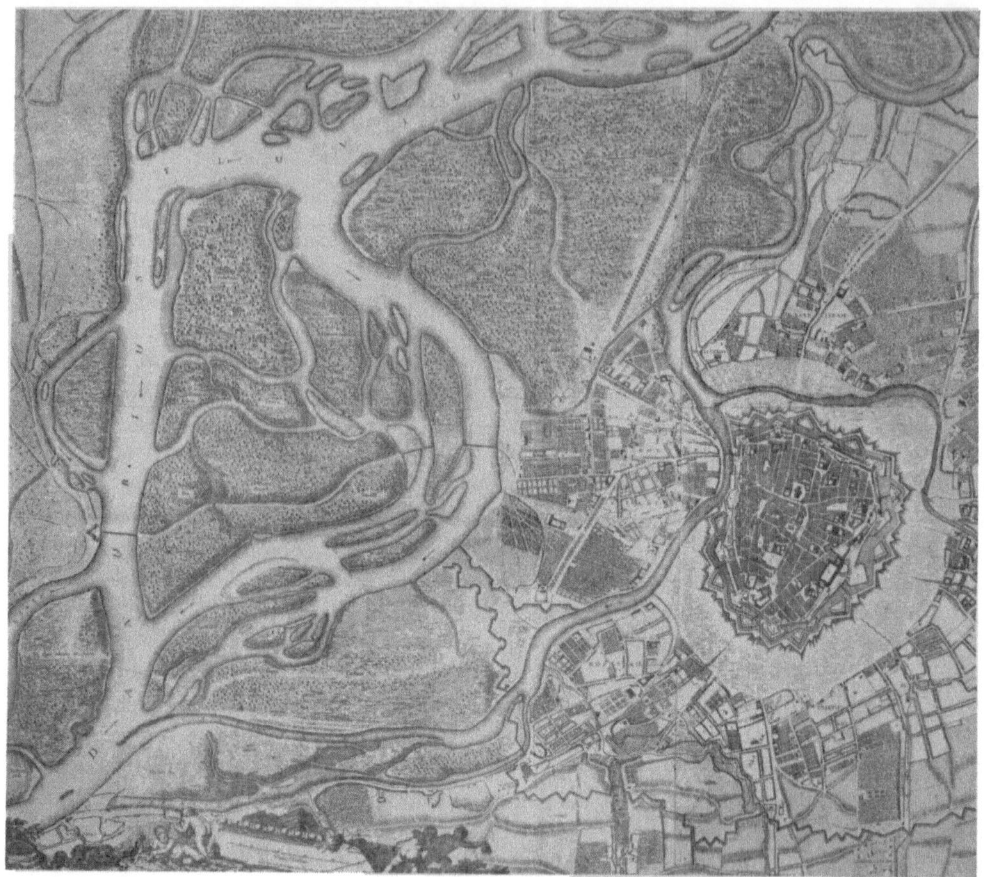

Abb. 1. Plan der Stadt Wien 1706 von Leander Anguissola.

verfehlt, obwohl gerade am unteren Rhein sich die Wasserbaukunst früher entwickelte als bei uns. Dies müssen wir uns bei Beurteilung des Werts und Nutzens der älteren Regulierungsarbeiten an der Donau bei Wien vor Augen halten, die sich demnach als die Entwicklungsstufen einer erst im Werden begriffenen technischen Kunst darstellen. Wenn sie auch nicht unmittelbar ihrem Zweck entsprochen haben, so ist ihnen doch die allmähliche Erkenntnis der Eigenheiten des Stroms bei Wien und die stufenweise Ausbildung der heimischen Hydrotechnik zu danken. Doch nicht nur die heimische Wasserbaukunst wuchs an der Bewältigung des Problems empor; es läßt sich vielmehr die Aufgabe schon seit dem Ausgang des 16. Jahrhunderts als eine Leistungsprobe europäischer Technik ansehen. Denn schon seit dieser Zeit erregte die Frage auch das Interesse ausländischer Techniker und im Laufe des 17. und 18. Jahrhunderts kamen ihrer viele aus den Niederlanden, aus Frankreich und Italien nach Wien, um hier Studien und Projekte zu machen, wodurch ein für den Ausbau der Wasserbaukunst nutz- und fruchtbringender Austausch der Kenntnisse und Erfahrungen entstand.

Da die beständigen Veränderungen im Strombett bei Wien den Anlaß zu den Regulierungsversuchen gegeben haben, möchte ich sie in Kürze kennzeichnen. Der Steilrand, der sich von den Abhängen des Nußberges durch das Wiener Stadtgebiet bis zur St.-Marxer-Linie verfolgen läßt, läßt den Lauf erkennen, den der Strom in vorgeschichtlicher Zeit genommen hat. Es war ein wasserreicher schiffbarer Arm, wie der Umstand schließen läßt, daß man bei den Grabungen für den Bau der Salzgrieskaserne 1746 auf starke hölzerne Wehren gegen den Andrang des Wassers stieß. An einem Turm des Passauerhofs in der Nähe der Kirche Maria am Gestade sollen noch 1770 starke Eisenringe zum Befestigen der Fahrzeuge gesehen worden sein. Wohl noch in der Mitte des 12. Jahrhunderts dürfte der Donauarm seinen Lauf über den heutigen Salzgries genommen haben. In geschichtlicher Zeit läßt sich ein allmähliches Zurücktreten des Donaustroms vom Steilrande verfolgen, wodurch sich das Landschaftsbild veränderte. Der Strom suchte seinen Lauf mehr nach Norden von Wien weg in das Marchfeld zu verlegen. Während am linken Ufer infolge des heftigen Wasserandrangs Brüche und Risse entstanden, die zur Bildung neuer Arme führten, lagerte der Strom gegen das rechte Ufer zu infolge des geringeren Gefälls sein Gerölle und Geschiebe ab. Der Wasserreichtum des Stroms wandte sich den nördlichen Armen zu, während die südlichen bei Wien gelegenen zu versanden drohten. Diese Gefahr nun, die den Wiener Donauhandel in seinem Lebensnerv berührte, veranlaßte das Bestreben, dem Strom Fesseln anzulegen. Wien hatte ein Lebensinteresse daran, eine geregelte, auch von großen Handelsschiffen benutzbare Wasserverbindung bis unmittelbar an die Stadt zu erhalten. Aber auch militärisch-strategische Rücksichten waren hierbei wirksam, da in dem Wasserreichtum des bei der Stadt vorbeiziehenden Armes eine Verstärkung der Position Wiens gegen feindliche Bedrohungen lag.

Die technischen Mittel, deren man sich zu diesem Zweck bediente, waren verschiedener Art. Zu Baggerungen scheint man der Kostspieligkeit und der zeitlich beschränkten Wirkung wegen nicht sehr häufig und nur in der oberen Strecke des Wiener Donauarmes Zuflucht genommen zu haben; so wurden 1376 Baggerarbeiten unter Anwendung von Handbaggern, 1567 in größerem Maßstab vom Wasserbaumeister HANS GASTEIGER, der aus München berufen worden war, mit der von ihm erfundenen Baggermaschine vorgenommen[1]. Einen dauernden Erfolg erhoffte man

---

[1] HANS GASTEIGER stammte aus Tirol und errang als Wasserbautechniker in Deutschland einen hervorragenden Ruf. Er war längere Zeit in Bayern tätig und wurde um die Mitte des 16. Jahrhunderts von Kaiser Ferdinand I. zur Durchführung großer Werke berufen: so zu einer Räumung des Donaubettes zwischen Wien und Krems von Schiffahrtshindernissen, zu einer Schiffbarmachung des Donauarmes nächst der Stadt Wien, sowie zu einer Wasserversorgung der neuen Wiener Festungswerke. Unter Maximilian II. baute er eine Wasserleitung von der Schwechat in das Lustschloß Laxenburg. Hierauf war er wieder mehrere Jahre an der Enns tätig. Er erbaute den von Hieflau beginnenden

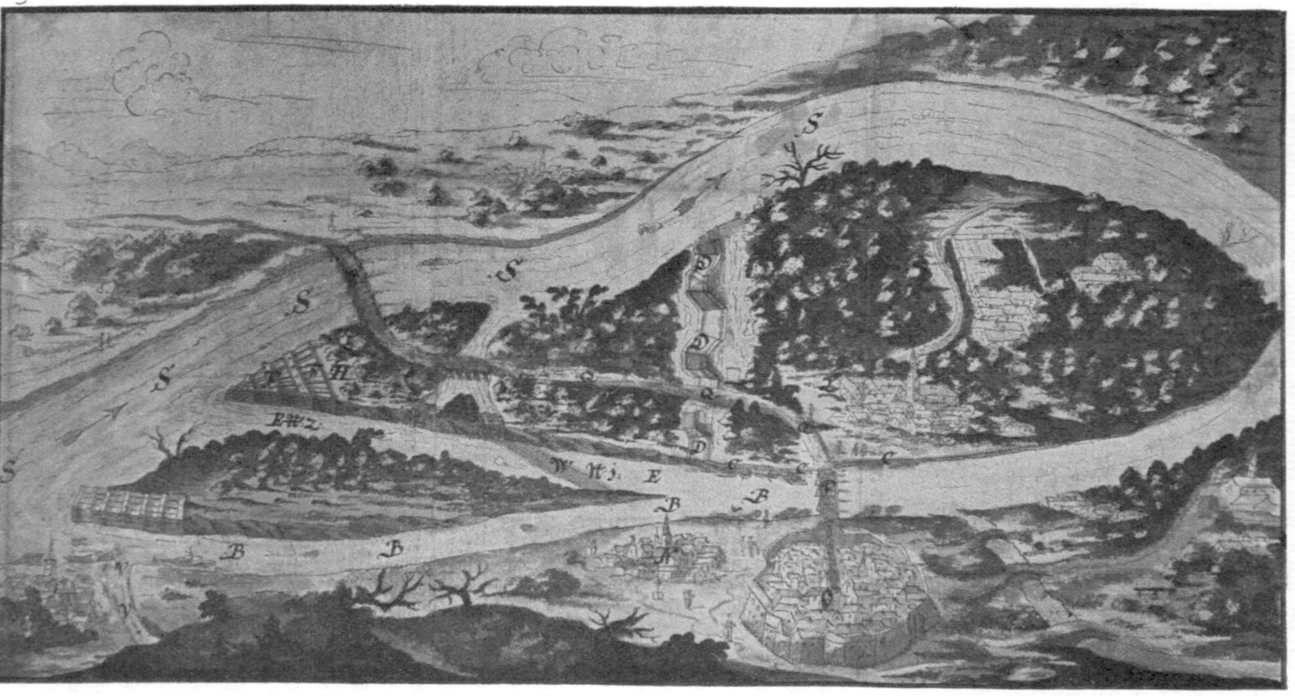

Abb. 2. Das Projekt Sebastian Galls (1685).

A ist das yetzige Nußdorffer Wassergepeu. B der Canal, wodurch das Wasser und Schiff auf Wien Komen. CC daß Gestatt bey der Rossau gegen yber von der neuen Schanz an bis yber die Schlagpruggen hinab. DD Sein die neuen Schanzen ober dem Tabor. E ist der neue Canal allwo die Continuierliche Schiffahrth ins Khomfftig für das rothe Thor Paßieren solt. F ist das neue Sennckhwerch wordurch man die Donau ohne Zwang Thaillen, und das Wasser auf Wienn einfieren khann sovill man Verlangt. GG Seint Zween armb, wordurch mann daß Wasser waß zuvil einlauffen will, in die große Donau widerumben außkhern khann. H Ist die Häußl, welche mitt in dem Wasser ligt. I Ist Sannct Brigitha. K Die große Au ober der Neuen Schanz hinaus. L Die Leopoldtstatt. M Gärtten. N Die Rosßau. O Die Statt Wienn. P Die Schlagpruggen. Qu Der Weg zu den Priggen. R Die Pruggen yber die Tanau. S Die Tanau. T Nußdorff. V Das Pächlein bey Nußdorff, so den Anschnitt verursacht. W ain Klainer Graben, der von Lit. E und G in Lit. B laufft, weliches der rote Strich andeit.

Jahrb. f. Landeskunde von Niederösterreich. Jahrg. 1903, Abb. S. 160.

sich durch die Anlage von Treibspornen gegenüber Nußdorf; sie sollten die Schwere des Stroms vom linken Stromufer ab- und der Einmündung des Donauarms zuwenden; hierdurch wollte man das nördliche Ufer vor Abbruch schützen und mehr Wasser in den Donauarm drängen. Solche Werke wurden schon um die Mitte des 16. Jahrhunderts errichtet, ohne jedoch eine nachhaltige Wirkung zu erzielen. Es wurde daher um das Jahr 1670 die Einmündung des Donauarms durch Erbauung eines Teilungswerks etwas weiter stromaufwärts verlegt, und als sich auch dieses Mittel als unzureichend erwies, wurde um 1686 überdies ein Gegensporn angelegt, um das Wasser der neuen Mündung zuzutreiben. Seit dieser Zeit bürgerte sich die Bezeichnung Donaukanal ein.

Die lebhafte Entwicklung des österreichischen Wirtschaftslebens, die seit der siegreichen Türkenabwehr im Jahre 1683 einsetzte, brachte auch eine Förderung des Verkehrswesens mit sich; die einzelnen Länder des Donaureiches sollten mit Wien, seinem Mittelpunkt, innig verknüpft werden. Es tauchte der Gedanke auf, ein zusammenhängendes Wasserstraßennetz anzulegen; es sollten die natürlichen Wasserstraßen der industriereichen Sudetenländer mit der Donau als der Hauptverkehrsader des Reichs durch Kanäle verbunden werden. So entwarf um 1700 der niederländische Wasserbaumeister Vogemonte das Projekt einer Verbindung der Donau mit der Moldau, ferner eines Kanals mittels der March und Beczwa zur Oder und von der Oder aus zum Stromgebiet der Weichsel. Hernach kamen andere ähnliche Projekte auf. Auch eine Wasserverbindung der Donau mit der Adria mittels eines von der Save zur Meeresküste zu grabenden Kanals wurde angeregt. Es sind weit ausschauende Pläne, die bezeichnend sind für den ausgreifenden Unternehmungsgeist dieser Zeit. Schon konnte sich die Wasserbautechnik an solch große Aufgaben wagen. War doch bereits die Kammerschleuse erfunden worden, die es ermöglichte, Höhenunterschiede zu überwinden. So wurden in England, Frankreich und Belgien um diese Zeit schon große Kanäle gebaut. In Österreich standen solchen Projekten finanzielle Schwierigkeiten entgegen. Übrigens waren hier die Kanalprojekte schon damals nicht neu. Hatte doch schon Kaiser Karl IV. 1375 sich mit dem Gedanken befaßt, die Moldau mit der Donau zu verbinden, um hierdurch Prag zum Mittelpunkt des europäischen Handels zu erheben. 1626 wollte Wallenstein auf eigene Kosten die Donau mit der Moldau und 1633 Kaiser Ferdinand II. den Strom durch die March mit der Oder verbinden lassen.

Durch die Zurückdrängung der Osmanen wurden Handel und Verkehr im Donaugebiet wie von einem schweren Bann befreit. Solange der Halbmond bis nahe an die Grenzen Österreichs geherrscht hatte, war der Verkehr auf dem Strom zumeist auf die Schiffahrt aus den deutschen Donaustädten nach Wien beschränkt gewesen. Nur selten wagten sich mutige Unternehmer bis nach Ungarn hinab, um Rohprodukte heraufzuholen. Nunmehr begann Handel und Verkehr allmählich wieder aufzublühen. Schon 1690 weiß der venezianische Gesandte Corner von der

---

Schiffweg, sowie den Rechen bei Großreifling, der die auf der steirischen Salza geschwemmten Kohlhölzer auffangen sollte. Es war sein letztes Werk; als er 1577 starb, wurde er in Landl begraben, wo er an seinem Lebensabend gewohnt hatte, um die Bauten an der Enns unmittelbar leiten zu können. Ein Grabmal von rotem Marmor, das sich an der Außenseite der Kirche in Landl befindet, bewahrt die Erinnerung an ihn.

Bereicherung Wiens durch die Donauschiffahrt zu berichten und hebt die günstige
Wasserfracht in Österreich hervor. Im Jahre 1696 richteten die Regensburger
neben den gelegentlichen Fahrten nach Wien regelmäßige ein, und vom 4. März
dieses Jahres an ging allwöchentlich das Regensburger „Ordinari"-Schiff mit Ladung
und Reisenden nach Wien ab. 1712 folgten die Ulmer diesem Beispiel und bald auch
andere Städte an der oberen Donau. Immer größer wurde die Anzahl der Schiffe,
die in Nußdorf und beim Rotenturm im Kanal landeten. Nach dem Ausweis der
Wassermautregister war damals der Verkehr im Donaukanal sehr lebhaft. Mit
reichhaltiger Ladung langten Schiffe aus Bayern und Österreich ein, während Schiffe
aus Ungarn mit Getreide, Vieh und anderen Lebensmitteln heraufkamen.

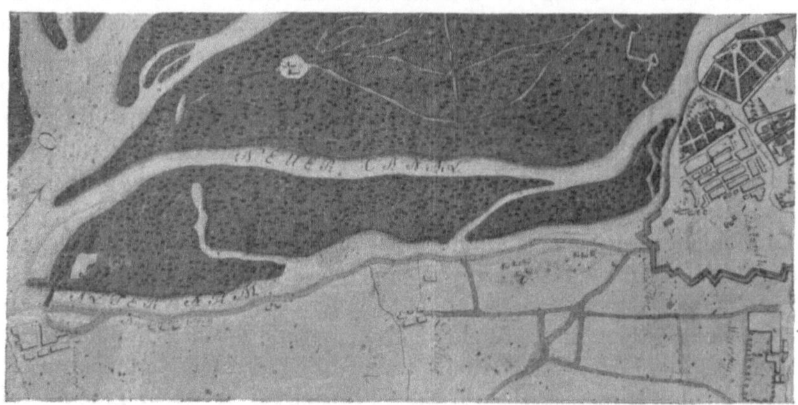

Abb. 3. Der Lauf der beiden, bei Nußdorf abzweigenden Donauarme (Mitte des 18. Jhdts.).
Jahrb. f. Landeskunde von Niederösterreich. Jahrg. 1903, Abb. S. 123.

Die Steigerung des Handelsverkehrs auf der Donau mußte den Antrieb verstärken, die Schiffahrt tunlichst hindernisfrei zu gestalten. Es ist bezeichnend für
den Geistesflug der auf große Ziele gerichteten Zeit, daß damals zum ersten Male
der kühne Gedanke auftauchte, das Strombett bei Nußdorf zu einem
einzigen Rinnsal auszubilden und hierdurch den Zufluß in den Donaukanal
zu steigern. 1712 empfahl dies ein FREIHERR VON CORONINI; seine Anschauung fand bei
den 1717 stattgefundenen Beratungen über die Donauregulierung bei Wien allgemeine Zustimmung; es setzte eine rege Bautätigkeit ein, die jedoch ein Jahrzehnt
später wieder ins Stocken geriet, als schwere kriegerische Verwicklungen die Finanz-
kräfte des Staates vollauf in Anspruch nahmen.

Ein neuer Anlauf zur Lösung der Wasserstraßenpläne wurde ein halbes Jahrhundert später unternommen. Die rege Tätigkeit, die in Frankreich, Holland und
Preußen auf den Bau von Wasserstraßen verwendet wurde, spornte die Kaiserin
MARIA THERESIA an, Österreich nicht zurückstehen zu lassen. So war sie geneigt, ein
von ALBERT FREIHERRN VON STERNDAHL 1762 vorgelegtes Projekt einer Verbindung
der Donau mit der Moldau verwirklichen zu lassen; wieder war es die Geldfrage, die
solche Projekte scheitern ließ. Besondere Sorgfalt wurde der Beseitigung der Schiff-
fahrtshindernisse auf der österreichischen Donau zugewendet; so wurde 1777 mit

der Sprengung der Felsen bei Grein begonnen. Schon vorher, im Jahre 1767, war der berühmte Wasserbautechniker FREMAUT aus Triest nach Wien berufen worden; auch er wollte den Strom bei Nußdorf in ein einziges Rinnsal zusammenfassen, hierzu einen Damm am linken Ufer von Tuttendorf bis gegenüber Nußdorf bauen, den Zufluß in den Donaukanal zum Schutz der tiefer gelegenen Vorstädte Wiens durch Schleusen regeln. Schon sollte der Bau begonnen werden, als die Kaiserin in ihrem Entschluß der Kosten wegen wankend wurde und eine neue Beratung anordnete. Das Ergebnis derselben erlebte FREMAUT nicht mehr (er starb 1768). Von leidenschaftlichem Ehrgeiz erfüllt, hatte der kühne Mann sich mit aufopferndster Hingebung dem schwierigen Unternehmen gewidmet, das seiner bedeutenden Begabung Gelegenheit zu glänzender Betätigung bot und sich durch mehrere Monate hindurch kaum die nötige Nachtruhe gegönnt; nicht einmal die Krankheit und der Tod seiner Frau in Triest, an der er mit großer Zärtlichkeit hing, vermochten ihn von seiner Arbeit loszureißen. Wohl infolge der langandauernden übermäßigen Anspannung seiner geistigen und körperlichen Kräfte brach FREMAUT zusammen.

Nunmehr wurde Ingenieur HUBERT aus Preßburg nach Wien geholt. Er war mit FREMAUT eng befreundet gewesen und mit seinem Plan wohl vertraut. Er nahm ihn der Hauptsache nach wieder auf, wich aber in einem wesentlichen Punkt von ihm ab; die Schleusenanlage hielt er für überflüssig; zum Schutz der Leopoldstadt und Roßau wollte er Dämme entlang dem Donaukanal und dem Fahrstangwasser anlegen. Sein Projekt wurde genehmigt, doch fiel seine Haupttätigkeit bereits in die Regierungszeit Kaiser JOSEF II., der mit großem Interesse die Arbeiten verfolgte. Ende 1784 war der Hauptdamm am linken Donauufer ausgebaut. Es fiel nun auf, daß innerhalb von drei Jahren anhaltende Regengüsse nicht weniger als sieben ungewöhnlich starke Überschwemmungen der tieferen Vorstädte Wiens verursachten. Da trat im Herbst 1787 ein Hochwasser ein, das zu einer Katastrophe für Wien, noch mehr aber für das Marchfeld wurde. Es hielt nämlich der Damm am linken Donauufer den Fluten nicht stand; er wurde überstiegen und an vielen Stellen durchbrochen. Die öffentliche Meinung und überwiegend auch das Urteil der Fachmänner verurteilte den Erbauer des Dammes, daß er den Strom zu sehr eingeengt habe. Das Vertrauen des Kaisers, das HUBERT vordem in hohem Maße besessen, hatte er durch das unglückliche Ereignis gänzlich verloren.

Auch die alten Wasserstraßenpläne wurden unter Kaiser JOSEF II. und hernach unter Kaiser FRANZ wieder angeregt. Sie hatten ein bescheidenes Ergebnis. Bloß der Kanal zur Adria wurde in Angriff genommen und in den Jahren 1797 bis 1803 bis Wiener-Neustadt geführt. Als die Eisenbahnen aufkamen, insbesondere seit dem glänzenden Erfolg, den STEPHENSONS Lokomotive „Rocket" in dem Wettbewerb für die Bahnlinie Liverpool—Manchester davongetragen hatte, wurde den Wasserstraßen gegenüber den Schienenwegen nur mehr eine untergeordnete Bedeutung beigemessen.

Hingegen ist die Frage der Donauregulierung bei Wien niemals zur Ruhe gekommen. Der Direktor des Hofbaurats, JOSEF SCHEMERL[2], verfaßte 1810 ein groß-

---

[2] JOSEF SCHEMERL R. v. Leytenbach (so lautet die gewöhnliche Schreibung, während das Adelsdiplom SCHEMERL von Leythenbach enthält), geb. in Laibach 1752, gest. um 1837. Vor oder bald nach seinem Eintritt in den Staatsbaudienst unternahm er eine zweijährige

Abb. 4. Das Projekt Spallarts.

Jahrb. f. Landeskunde von Niederosterreich. Jahrb. 1905 u. 1906. Abb. bei S. 12.

zügiges Projekt, das an FREMAUT und HUBERT anknüpfte. Auch er vertrat den Grundsatz, daß die Donau bei Wien in ihrem Lauf künstlich beschränkt werden müsse; schon von Höflein an wollte er dem Strom einen geradlinigen Lauf geben. Er dachte auch an den Bau einer stabilen Brücke bei Wien, die im Trockenen errichtet werden sollte; nach vollendetem Bau sollte der konzentrierte Strom mit Hilfe eines Durchstiches unter der Brücke durchgeführt werden. Wie man sieht, enthält das Projekt SCHEMERLS bereits annähernd jene Art der Lösung des Problems, die es ein halbes Jahrhundert später tatsächlich gefunden hat. Es ist sein Verdienst, daß er trotz aller anscheinend unüberwindlichen Hindernisse, die ihm entgegentraten, unerschütterlich bei seinem Plan verharrt hat. Es schien, als ob schon unter dem Eindruck der Hochwasserkatastrophe im März 1830 sein Plan zur Durchführung kommen würde, doch verlief der Impuls ungeachtet der anfänglich tiefen Erregung der Gemüter doch wieder im Sand, obwohl gerade damals ein neuer auf die Regulierung des Stroms drängender Faktor wirksam wurde. Am 17. September 1830 fand die Probefahrt des Dampfboots „Franz I." auf der Strecke Wien—Pest statt; im Jahre 1837 wurden die Probefahrten von Wien nach Linz und sechs Jahre später im Wiener Donaukanal unternommen. Einer günstigen Entwicklung der Dampfschiffahrt auf der österreichischen Strecke stellten sich als Haupthindernisse der Wirbel und Strudel bei Grein, die Zersplitterung des Stroms im Wiener Becken sowie die Jochbrücken bei Linz, Stein und Wien entgegen.

Einen energischen Anstoß zur neuerlichen Aufrollung der Regulierungsfrage gab die verheerende Überschwemmung im Jahre 1862. Gleichwohl schien sich das alte Schauspiel wiederholen zu wollen: Uneinigkeit der Fachleute, finanzielle Schwierigkeiten, ergebnislose Verhandlungen. Da griff das „Bürgerministerium", das 1867 ans Ruder gekommen war, in entscheidender Weise ein; eine gründliche Lösung der Frage sollte dem kommerziellen Gesichtspunkt voll und ganz Rechnung tragen. Mit außerordentlicher Raschheit wurde die Regulierung von Nußdorf bis Fischamend durchgeführt. Am 14. Mai 1870 war der erste Spatenstich zu dem großen Werk getan worden und bereits am 30. Mai 1875 wurde die Schiffahrt im neuen, mit Hilfe eines Durchstichs hergestellten Strombett eröffnet. Im gleichen Zeitraum wurden fünf Brücken, hiervon drei Eisenbahnbrücken, erbaut. Am neuen Strombett wurden sowohl für die öffentlichen Verkehrsanstalten wie auch für die Industrie- und Handelsunternehmungen große und bequeme Landungsplätze und Lagerräume errichtet, die unter sich und mit den von Wien ausgehenden Eisenbahnen durch die Donauuferbahn verbunden wurden; sie stellte eine Zentralisation des gesamten über Wien gehenden Verkehrs dar. Hiermit war ein Werk getan, um das man sich ein halbes Jahrtausend vergeblich bemüht hatte.

Reise nach Holland und an den Rhein, um die dortigen Wasserbauten zu studieren. 1772 führte er die Regulierung der Save, 1788 die Wiederherstellung der verfallenen Straßen in Krain durch. 1799 übernahm er die Leitung über den in Ausführung begriffenen Wiener-Neustädter Schiffahrtskanal, den er 1803 bis über die Leitha führte. 1804 wurde er Referent der Hofbaukommission, 1807 Direktor des Hofbaurates. Nach 63 jähriger Dienstleistung trat er in den Ruhestand. Für seine Verdienste erhielt er 1811 das Ritterkreuz des Leopoldsordens und wurde statutengemäß in den erbländischen Ritterstand erhoben. (C. v. Wurzbach, Biographisches Lexikon des Kaiserthums Österreich.)

Als 1891 die Vororte mit der Gemeinde Wien vereinigt wurden, ging man an die Errichtung großer Verkehrsanlagen; so wurde auch der Donaukanal in einen Winter- und Handelshafen umgestaltet, der durch die Hafenanlagen in der Freudenau und Kuchelau eine Ergänzung erfuhr.

Im Konkurrenzkampf zwischen Eisenbahnen und Wasserstraßen, der sich im Laufe des 19. Jahrhunderts mit besonderer Heftigkeit in England abgespielt hatte, erwiesen sich die Wasserstraßen den Schienenwegen in der Massenbeförderung als überlegen und traten seit den Siebzigerjahren durch ihre viel billigeren Beförderungskosten in den Vordergrund. Auch in Österreich tauchten damals die Projekte der Schiffahrtskanäle wieder auf. Doch erst durch das Wasserstraßengesetz vom Jahre 1901 schickte man sich an, durch den Bau von fünf großen Kanälen die Flußsysteme der Elbe, Oder, Weichsel und des Dnjestrs mit der Donau zu verbinden und hierdurch den Verkehr auf der Donau als der Hauptverbindungsader zu befruchten. Ein großes Unternehmen, das man im Donaureich durch Jahrhunderte geplant hatte.

Abb. 5. Die Schleuse des Donaukanals in Nußdorf bei Wien.

Bergmännische Zeichen.

Von

Franz Kirnbauer, Freiberg in. Sa.

Mit 14 Abbildungen.

Die Entwicklung von Bergbauzeichen auf Landkarten.

Der erste und älteste Nachweis einer Signatur für Bergbau gelang mir für Tirol und für das Jahr 1561. Die erste Landkarte Tirols ist nicht im Lande selbst, sondern in Wien entstanden. Sie ist eine Arbeit des Arztes und Hofhistoriographen WOLFGANG LAZIUS (1514—1565), der eine der bekanntesten Persönlichkeiten unter den österreichischen Humanisten des 16. Jahrhunderts war. Die Tiroler Karte erschien in dem ersten Atlas der österreichischen Lande, den „Typi chorogradhici Austriae" im Jahre 1561 und ist in Kupferstich ausgeführt. Das Geographische Institut der Universität Wien besitzt sowohl ein Original dieser ersten Landkarte von Tirol als auch eine Neuausgabe des ganzen Atlasses, der „Typi chorographici", die in vorbildlicher Weise von E. OBERHUMMER und F. WIESER vor drei Jahrzehnten besorgt wurde.[1]

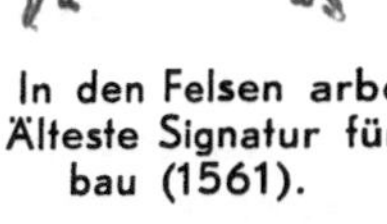

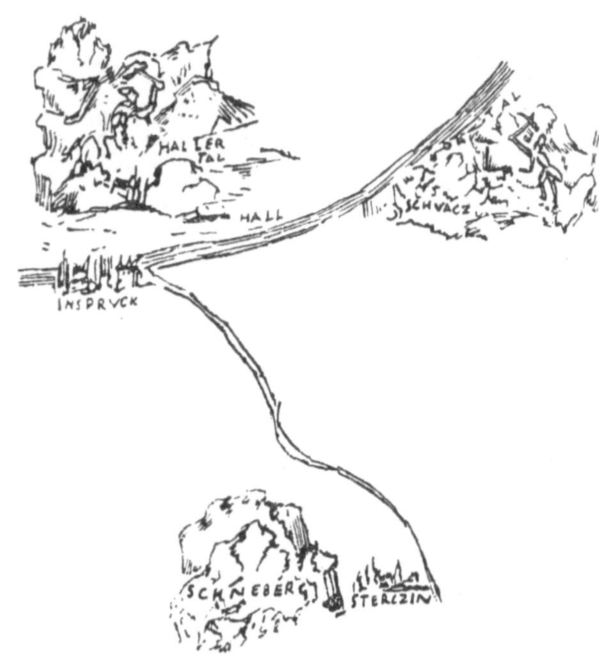

Abb. 1. In den Felsen arbeitende Häuer. Älteste Signatur für Bergbau (1561).

Abb. 2.
Ausschnitt aus der Wolfgang-Laziusschen Karte von Tirol a. d. Jahre 1561. Gegend Innsbruck—Schwaz—Sterzing.
(Auf die Hälfte verkleinert.)

---

[1] E. OBERHUMMER und F. W. v. WIESER, Wolfgang Lazius' Karten der Österreichischen Lande und des Königreichs Ungarn, Festschrift der K. K. Geogr. Ges. Wien, Innsbruck 1906, Tafel 10.

9*

Da die Lazius sche Landkarte von Tirol den ersten Nachweis einer Beziehung zwischen Bergwesen und Landkartenkunst enthält, rechtfertigt sich eine etwas genauere Beschreibung des Kartenbildes.

Die Landkarte ist 42,5 × 35,5 cm hoch und breit und ist, wie alle übrigen Karten des Atlasses von Lazius, in einen ovalen Rahmen eingefügt, aus dem Köpfe, Krallen und Flügelspitzen des Kaiserlichen Doppeladlers hervorragen. Am oberen Kartenrande ist die Überschrift „Rhetia Alpestris in qua Tirolis comitatus descriptio" angebracht. Die Landkarte ist in landschaftlichem Stil gezeichnet, die Gebirge sind perspektivisch dargestellt. Die einzelnen Flüsse sind etwas übermäßig breit gezeichnet und lassen ihren Ursprung entweder in einer tümpelartigen Erweiterung als Quelle erkennen oder sie kommen plötzlich hinter einem Berg zum Vorschein. Die Ortschaften sind in Seitenansicht ausgeführt und nehmen mitunter eine ziemlich große Fläche der Karte in Anspruch. Für das Weinland wendet Lazius eine eigene Sig-

Abb. 3. Die Vischerschen Zeichen
für Bergbau (1669)
(Auf die Hälfte verkleinert.)

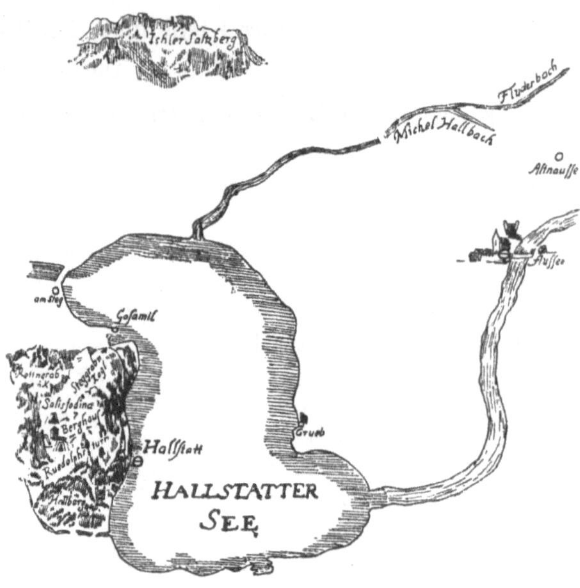

Abb. 4. Ausschnitt aus der Georg Matthäus Vischerschen
Karte von Oberösterreich (1669). Gegend von Hallstatt.
(Auf die Hälfte verkleinert.)

natur, ein Rebenblatt mit zwei Trauben, an. Auf dem Gardasee ist ein Fischer im Boot gezeichnet. Die Stellen des Bergbaus sind durch einen Bergmann mit hochgeschwungener Doppelkeilhaue gekennzeichnet (Abbildung 1 u. 2). So enthält die Lazius-Karte von Tirol nördlich von Innsbruck an der Stelle des Haller Salzberges einen mit halbem Oberkörper aus den Felsen ragenden Bergmann, weiters östlich der Stadt Schwaz einen mit der Keilhaue arbeitenden Häuer mit Bergleder und endlich an der Örtlichkeit des berühmten Silberbergbaus Schneeberg westlich von Sterzing einen Knappen mit Picke dargestellt. — Diese drei in den Felsen arbeitende Häuer sind somit das älteste, auf Landkarten zu findende Zeichen für Bergbau. — Wie groß übrigens damals die Bedeutung des Bergmannsstandes in Tirol gewesen sein muß, geht daraus hervor, daß auf dem Titelkupfer zum Text der Landkarte zwei Figuren, einen Tiroler Erzknappen und einen wehrhaften Etschtaler darstellend, abgebildet sind.[1]

---

[1] E. Oberhummer und F. R. v. Wieser, l. c., S. 34, bilden den Bergknappen

Der Einfluß der Laziusschen Kartendarstellungsweise blieb übrigens bis Peter Anich und Blasius Huber, 1774, aufrecht.

Erst Georg Matthäus Vischer (1628—1696), der berühmte oberösterreichische Kartograph, wendet, mehr als hundert Jahre später, wiederum ein Zeichen für Bergbau auf seiner 1669 erschienenen Karte von Oberösterreich an. Es geschieht dies bereits in Form eines „konventionellen Zeichens", indem Vischer in der Legende eine Signatur für Salzsudhütte in Form einer Holzwanne mit dem Beiworte „Saltzpfann" verwendet — so z. B. bei Aussee —, oder am Hallstätter Salzberg mehrere Stollenzeichen (Stollenmundlöcher) mit der Bezeichnung „Salisfodinae" oder ein „Berghaus" darstellt und ebenso benennt (Abb. 3 u. 4). Am Ischler Salzberg wendet G. M. Vischer keine Signatur für Bergbau an, sondern gibt nur den Namen wieder. — Entsprechend der damaligen Sitte, hat Vischer weiters seine Karte von Oberösterreich mit verschiedenen Darstellungen geschmückt. So ist am linken unteren Eck derselben ein Medaillon gezeichnet, worin ein Salzspruch zu lesen, sowie eine Sudhütte mit Salzpfanne im Vordergrunde und ein Salzberg mit mehreren Stolleneinbauen im Hintergrunde abgebildet ist,[1] auf diese Weise die hohe Bedeutung des Kammergutes zur Darstellung bringend. Auch durch diese schmückende Abbildung ist eine Beziehung zwischen Kartographie und Bergbau gegeben worden. Die Vischersche Karte von Oberösterreich ist in Kupfer gestochen und an zahlreichen Instituten[2] vorhanden, 1923 übrigens erschien sie im Neudruck mit den noch vorhandenen, im Oberösterr. Landesarchiv zu Linz a. D. aufbewahrten Original-Kupfertafeln.

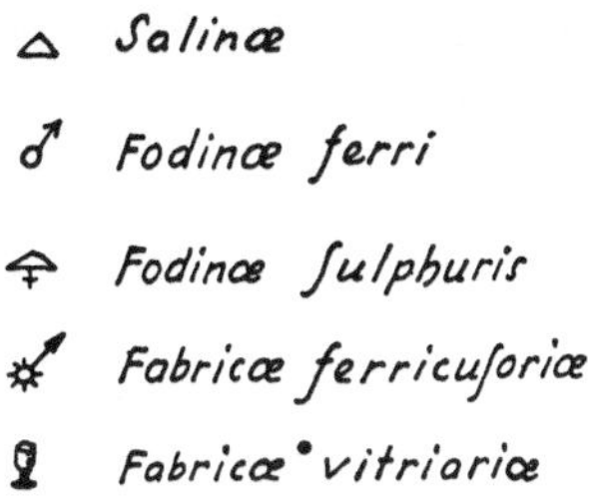

Während des 18. und 19. Jahrhunderts beherrschen fast durchwegs die sogenannten „Alchimistensymbole" das österreichisch-deutsche Kartenwesen als konventionelle Zeichen für Bergbau. In Abb. 5, 6 und 7 sind zwei Proben aus Landkartenlegenden aus der Zeit um 1780 und 1824 sowie zwei Kartenausschnitte wiedergegeben. Die eine Darstellung ist der Liesganig-Knidermannschen Karte von Steiermark (um 1780), die andere dem Dirwaldtschen Allgemeinen Landatlas (1824) entnommen. — Bemerkenswert ist, daß neben diesen

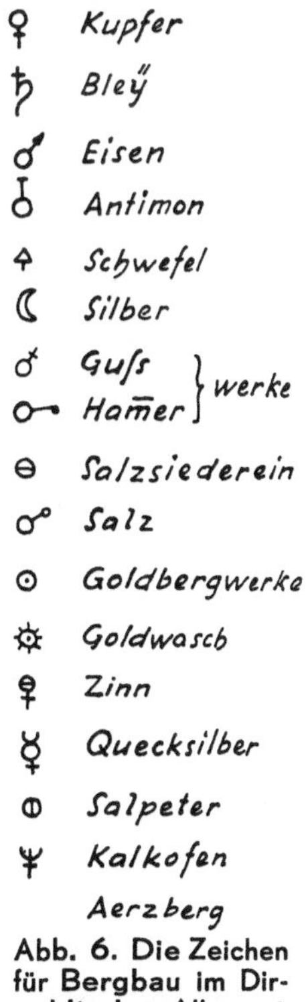

ab. — Die Sammlung Kirnbauer enthält eine größengetreue Kopie davon ob des trachtenkundlichen Wertes des mit Kurzschwert und Keilhaue ausgerüsteten, Kapuze und Bergleder tragenden Häuers aus dem Jahre 1561.

[1] F. Kirnbauer, Bergmännische Salzsprüche aus Oberösterreich. Heimatgaue, Linz a. D., 16. Jhrg. (1935), S. 66; hierin eine genaue Beschreibung des Bildes und Spruches.

[2] Universität Wien, Geograph. Seminar; O. Ö. Landesarchiv Linz a. D. u. a.

Abb. 5. Die Zeichen für Bergbau auf der Liesganig-Knidermannschen Karte von Steiermark (um 1780). *(Auf die Hälfte verkleinert.)*

Abb. 6. Die Zeichen für Bergbau im Dirwaldtschen Allgemeinen Landatlas (1824). *(Auf die Hälfte verkleinert.)*

Alchimistensymbolen als Signatur für Bergbau bereits auch Schlägel und Eisen auf einer aus dem Jahre 1715 stammenden Karte des Oberharzer Bergbaus von BERNHARD

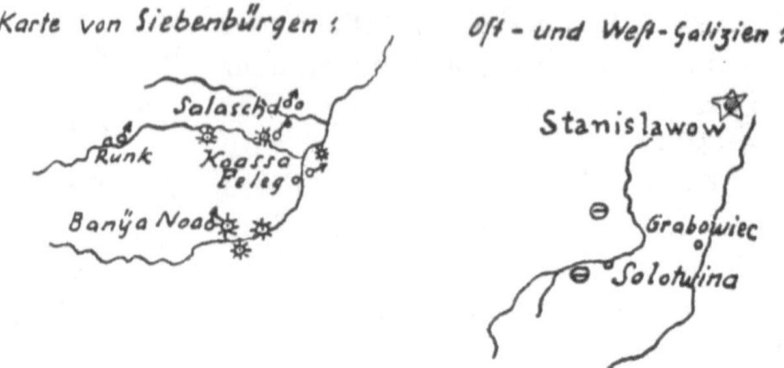

Abb. 7. Kartenskizzen aus dem Dirwaldtschen Atlas (1824). Siebenbürgen, Galizien.

RIPKING, der ersten gedruckten Karte des Oberharzes übrigens, vorkommt.[1] Außer der ersten Darstellung von Schlägel und Eisen enthält aber die RIPKINGsche

Karte noch ein neues bedeutsames konventionelles Zeichen für Bergbau, nämlich ein Dreieck mit einem kleinen Ansatz oben. Es ist dies eine vereinfachte Darstellung des zur damaligen Zeit auf allen Gruben befindlichen wichtigsten Betriebsgebäudes, nämlich des Treibehauses oder Pferdegöpels. Der Göpel war bekanntlich die von Pferdekraft bewegte Fördermaschine der alten Bergbaue, der Aufstellplatz eines Göpels somit gleichbedeutend mit dem Schacht des Bergwerkes. Es erscheint also um 1715 im Harz als Signatur für Bergbau ein Zeichen für den Göpel (Abb. 8). Zur näheren Kenntlichmachung einer jeden Bergbauörtlichkeit, um welches Erz oder Metall es sich handelt, ist dem Zeichen für den

Abb. 8. Ausschnitt aus der Ripkingschen Bergbau- und Forstkarte des Harzes „Silvä hercyniä Tabula" (um 1715). Gegend Clausthal—Zellerfeld.

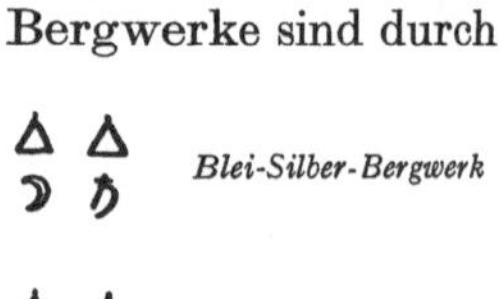

Göpel noch das betreffende Alchimistenzeichen beigegeben (Abb. 9). Die Blei-Silber-Bergwerke sind durch das Göpelzeichen und darunter befindliche Mond- und Saturn-symbol dargestellt, eine Kupfergrube z. B. durch das Zeichen für Göpel und Venus. — Auch für die Hüttenwerke hat die RIPKINGsche Karte ein eigenes Zeichen in Form eines Häus-chens mit niedrigem Schornstein und darüber das entsprechende Alchimistensymbol, um die Art der verhütteten Erze darzutun (Abb. 8).

    Blei-Silber-Bergwerk

    Kupfergrube

Abb. 9. Die Ripkingschen Zeichen für Bergbau (um 1715).
(Auf die Hälfte verkleinert.)

Die „gekreuzten Hämmer" oder „Schlägel und Eisen", in richtiger Form, treten somit auf einer Harzer Bergbau- und Forstkarte im Jahre 1715 zum erstenmal auf.

----

[1] W. NEHM, Die Oberharzer Markscheider um das Jahr 1700 und ihre Stellung im Betrieb, Clausthal 1935, Tafel 2.

Für Österreich konnte ich die gekreuzten Hämmer als Signatur für Bergbau zum erstenmal im „Leitfaden zum Gebrauch der Situationszeichenschule" von SCHEDA, Wien 1854, nachweisen, wo neben dem Zeichen der gekreuzten Hämmer noch die alten alchimistischen Zeichen zur Kenntlichmachung des durch den Bergbau geförderten Gutes angewendet werden. Die gegenwärtige Form des Zeichens für Bergbau ist bekannt (Abb. 10).

Die allgemeine Anwendung des jetzt noch geltenden Zeichens für Bergwerke erfolgte in Österreich erst bei der III. militärischen Landesaufnahme ab 1869, wenngleich die Originalaufnahme der II. Aufnahme (Franziszeische Aufnahme 1807 bis 1869) ein ähnliches Zeichen, gekreuzte Spitzhacken, aufweist, das jedoch als Nachtragung er-

1:75000   1:200000

Abb 10. Die gegenwärtigen Zeichen für Bergbau.

Abb. 11. Das schweizerische Zeichen für Hochöfen und Bergwerke.

kannt wurde, da Anzeichen von Radierungen an der ursprünglichen Zeichnung wahrzunehmen sind. Beim steirischen Erzberg z. B., aufgenommen im Jahre 1828, ist die Nachtragung jedoch unbekannten Datums.

Der russische Zeichenschlüssel vom Jahre 1874, der französische von 1868, der bayrische von 1845, der holländische von 1856 und ein älterer portugiesischer ohne Datum enthalten keine Bergwerkssignaturen.[1] Der schwedische Zeichenschlüssel von 1837 hat für Bergwerke die alten Alchimistenzeichen, desgleichen der preußische von 1870. Der preußische vom Jahre 1885 hat noch immer die alten Zeichen beibehalten, dazu aber zwei neue, zwei gekreuzte Hämmer in aufrechter Stellung für Bergbaue in Betrieb, und zwei gekreuzte Hämmer in verkehrter Lage für aufgelassene oder verlassene Schächte, aufgenommen. — Der schweizerische Zeichenschlüssel aus dem Jahre 1868 weist für Hochöfen und Bergwerke eine gemeinsame Signatur (Abb. 11) (hüttenmännisches Gezähe) auf.

Bergmännische Wasserzeichen in altem Steyrer Schreibpapier.

Steyr, die schöne Eisenstadt an der Enns, war bekanntlich Jahrhunderte hindurch der Sitz der alten Eisenverleger, also der Ort, von wo aus das berühmte steirische Eisen des Erzberges seinen Weg in aller Herren Länder nahm. Weniger bekannt ist dagegen, daß es in Steyr einst auch einen weiteren blühenden Erwerbszweig, nämlich drei Papiermühlen gab, deren Erzeugnisse weit über die Grenzen Österreichs verschickt wurden. Bis zum Jahre 1907 wurde in Steyr Büttenpapier erzeugt. Dann wurde der letzte Betrieb wegen Unwirtschaftlichkeit eingestellt.

Aufschreibungen im Stiftsarchiv zu Kremsmünster kann entnommen werden, daß die erste Papiermühle zu Steyr um das Jahr 1550 errichtet wurde. Noch heute steht in der Fabriksstraße Nr. 44 das alte Gebäude, worin der Papierer Balthasar

---

[1] Diese Bücher sind im Hauptvermessungsamt XIV (früher Militärgeographisches Institut), Wien, vorhanden.

Vischer sein gewöhnliches Schreibpapier, das sogenannte P-Papier, herstellte. Es hatte ein kleines p als Wasserzeichen. Seine Nachfolger Wolf Vischer, Thoman Vischer und Valentin Brämer setzten einen Schild über das p, in den jeder sein Zeichen einfügte. Dies waren die ersten Steyrer Wasserzeichen aus der zweiten Hälfte des 16. Jahrhunderts. An ihnen kann man bereits erkennen, daß die Papierer immer mehr Wert auf die Schönheit des Zeichens legten und sich ganz in der Formgebung dem Stil der Zeit anpaßten. Andere Wasserzeichen sind ein aus der Wende des 17. zum 18. Jahrhundert stammendes künstlerisches Pantherzeichen des Papiermachers Ferdinand Pock im sogenannten „Pantherpapier" sowie verschiedene Adler im sogenannten „Adlerpapier", dem besten Steyrer Papier. Das „Adlerpapier" wurde bereits in den letzten drei Jahrzehnten des 16. Jahrhunderts erzeugt. Valentin Brämer verwendete 1602 einen Doppeladler in einfacher Umrahmung;

Rupert Kienmosers Adlerpapier hatte 1722 einen einköpfigen Adler in verdrehter Stellung und Johann Gottlieb Döcks Wasserzeichen (1735) war ein Doppeladler mit Krone, Zepter und Schwert, unter dem die Anfangsbuchstaben seines Namens standen. Außer diesen Wasserzeichen gab es um die Mitte des 18. Jahrhunders zu Steyr noch Wasserzeichen mit prächtigen Umrahmungen, von einer Krone oder einem Ritterhelm gekrönt, so z. B. dasjenige des Papierers JOHANN KIENMOSER (1747).

Abb. 12.   Abb. 13.

Bergmännische Wasserzeichen aus dem Jahre 1759.

(Auf die Hälfte verkleinert.)

JOHANN KIENMOSER stellte auch ein Kanzleipapier her, das in den österreichischen Alpenländern stark verbreitet und beliebt war. Es weist mit seinen Wasserzeichen auf die alten und tiefen Beziehungen der Stadt Steyr zum Bergbau hin, der Stadt des Eisenhandels und Sitzes der „Innerberger Haupt-Gewerkschaft". KIENMOSER verwendete zwei Wasserzeichen mit bergmännischen Darstellungen. Das eine stammt aus dem Jahre 1759 und zeigt neben den Anfangsbuchstaben KIENMOSERS einen Bergmann, der in der linken Hand einen Hammer, mit der Rechten einen Schild mit Schlägel und Eisen hält (Abb. 12). Die Kleidung des Häuers ist bemerkenswert. Er trägt Lederhose, Stutzen mit freien Knien und ein prächtiges Arschleder. Als Kopfbedeckung dient ein runder niedriger Schachthut. Der Hammer in der linken Hand ist ein sogenanntes „Eisen". Wir dürfen also in der Gestalt gemäß der Tracht mit großer Wahrscheinlichkeit einen Eisenerzer Bergmann vermuten. Später wurde das Wasserzeichen so geändert, daß der Mann entgegen früher nach links blickt und mit einem Hammer in der rechten Hand auf einen Ambos schlägt, der über dem Schild angebracht ist (Abb. 13). Die Kleidung dieses Knappen ist gleich wie vorher, die bergmännische Betonung jedoch durch ein womöglich noch größeres Bergleder hervorgehoben. Neben diesem Wasserzeichen treten auch die Anfangsbuchstaben des Namens KIENMOSERS I. K. wieder auf.

Beide Wasserzeichen fallen durch ihre klare Linienführung in der Zeichnung der Gestalt auf. Die zeitgenössische Verzierung ist auf dem bergmännischen Wappenschild beschränkt.

Wasserzeichen bergmännischen Inhalts in altem Schreibpapier sind mir bisher außer diesen beiden nicht bekannt geworden. Die ansprechende Form der beiden KIENMOSERschen Wasserzeichen in altem Steyrer Schreibpapier verdient es daher, weiteren bergmännischen und technischen Kreisen zugänglich gemacht zu werden.

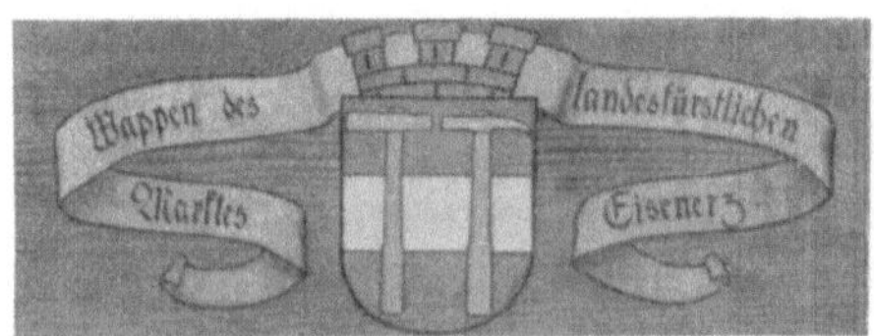

Abb. 14. Bergmännische Wappen der Märkte Eisenerz und Vordernberg.
Technisches Museum, Wien.

Dem Arbeitsausschuß des Österreichischen Forschungsinstitutes für Geschichte der Technik gehören folgende Herren an:

Bergrat Dr. Ing. O. BÖHLER. — Baurat Ing. P. BRETSCHNEIDER. — Generaldirektor Ing. A. DEMMER. — Sektionschef a. D. Ing. P. DITTES. — Stadtbaudirektor a. D., Präsident Ing. Dr. techn. h. c. H. GOLDEMUND. — o. ö. Prof. Ing. Dr. F. HARTMANN. — o. ö. Prof. Ing. Dr. L. HAUSKA. — Hofrat o. ö. Prof. Ing. Dr. K. HOLEY. — Sektionschef a. D. Ing. O. ROTKY. — Hofrat Präsident i. R. Dr. F. SCHUBERT Ritter von SOLDERN. — Ministerialrat Ing. V. SCHÜTZENHOFER, Direktor des Technischen Museums für Industrie und Gewerbe in Wien. — Minister a. D., o. ö. Prof. der Universität, Dr. H. Ritter von SRBIK, Präsident der Akademie der Wissenschaften in Wien. — Sektionschef a. D. Dr. J. WEINCZIERL.

Die Druckkosten der Festschrift wurden durch Spenden der nachstehenden Persönlichkeiten und Vereinigungen aufgebracht:

Automobiltechnischer Verein, Wien. — Bergrat Dr. Ing. O. BÖHLER. — Baurat Ing. P. BRETSCHNEIDER. — Bund der österr. Industriellen, Wien. — Generaldirektor Ing. A. DEMMER. — Generaldirektor Dr. F. FATTINGER, Treibach. — Stadtbaudirektor a. D., Präsident Ing. Dr. techn. h. c. H. GOLDEMUND. — Präsident Dr. techn. h. c. Dr. mont. h. c. G. GÜNTHER. — Sektionschef a. D. Dr. L. JOAS. — MARGARETE KAPLAN. — Generaldirektor Bergrat h. c. Dr. H. MALZACHER. — MAUTNER-MARKHOF Brauerei Schwechat A.-G. — Zentraldirektor Ing. TH. PIERUS. — Präsident Dr. mont. h. c. PH. v. SCHOELLER. — Präsident R. v. SCHOELLER. — Dr.-Ing. h. c. W. VOITH, St. Pölten.

Inhaltsverzeichnis.

Manzsche Buchdruckerei, Wien IX.